宇宙探秘丛书

Dabaozha Houde Yuzhou

潘文彬　温诗惠　编著

大爆炸后的宇宙

SPM 南方出版传媒
广东科技出版社｜全国优秀出版社
·广　州·

图书在版编目（CIP）数据

大爆炸后的宇宙 / 潘文彬，温诗惠编著. —广州：广东科技出版社，2021.5（2023. 3 重印）
（宇宙探秘丛书）
ISBN 978-7-5359-7647-5

Ⅰ. ①大… Ⅱ. ①潘…②温… Ⅲ. ①“大爆炸”宇宙学－普及读物 Ⅳ. ① P159.3-49

中国版本图书馆 CIP 数据核字（2021）第 080659 号

大爆炸后的宇宙
Dabaozha Hou De Yuzhou

出 版 人：朱文清
责任编辑：黄 铸 严 旻
封面设计：柳国雄
责任校对：李云柯
责任印制：彭海波
出版发行：广东科技出版社
（广州市环市东路水荫路 11 号 邮政编码：510075）
销售热线：020-37607413
http: //www.gdstp.com.cn
E-mail: gdkjbw@nfcb.com.cn
经 销：广东新华发行集团股份有限公司
印 刷：广州市彩源印刷有限公司
（广州市黄埔区百合三路8号 邮政编码：510700）
规 格：787mm×1 092mm 1/16 印张 4.25 字数 85 千
版 次：2021 年 5 月第 1 版
2023 年 3 月第 3 次印刷
定 价：48.00 元

如发现因印装质量问题影响阅读，请与广东科技出版社印制室联系调换（电话：020-37607272）。

前　言

遥望星空，广袤浩瀚的宇宙充满着神秘的色彩，宇宙何时诞生？如何诞生？关于宇宙的种种问题，引起人们的遐想，吸引人们去探索。

在人类文明的早期，就产生了各种各样的关于宇宙起源的创世神话，直到16世纪伟大的波兰天文学家哥白尼提出太阳中心说，人类对宇宙的认识才逐渐摆脱宗教的束缚，朝着科学的方向发展。随着现代天文学的进步，对宇宙探索研究的深入，人们普遍认为宇宙起源于137亿年前的一次大爆炸，现在仍处于不断变化之中。

人们对宇宙的了解受益于科学技术的进步，天文望远镜、光谱分析技术和空间站等，都成为人类探索宇宙的得力助手。太空技术的进步，使人类制造的飞行器前往太阳系的其他星体上进行实地探测成为可能。或观测宇宙，或飞向太空，人类一次又一次揭开宇宙的奥秘，如璀璨多变的星云、镶嵌夜幕的恒星、拖着长尾巴的彗星，人们已经获得了许多新的发现。

但宇宙之大远超人们的想象，人类活动所及的太阳系，在宇宙中也只算得上沧海中的一粒小尘埃，当前人类对宇宙的探索只是刚起步，宇宙的未解之谜仍比比皆是，如宇宙真的有边界吗？看不见的暗物质和暗能量存在吗？地外文明真的存在吗？科学家们仍有大量的探索工作要做。

现代天文学飞速发展，为我们的科普教育提供了广阔的舞台。宇宙探索需要丰富的想象力，也充满挑战性。宇宙知识的科普可以让青少年学到天文和宇宙的知识，激发青少年对未知世界的好奇心，启迪智慧，培养科学素养。

为此，我们编写了这本《大爆炸后的宇宙》，以浅显易懂的语言揭示宇宙的奥秘，力求使本书具有科学性、可读性、趣味性。本书内容包括人类认识宇宙的历史，宇宙探测的技术方法，宇宙探测的主要发现，宇宙研究的主要理论成果，暗物质和暗能量，恒星的演变规律，黑洞等。希望本书能带领读者开始一场异彩纷呈的宇宙之旅！

编者

2020 年 11 月 11 日

目录

Part 1

人类认识宇宙的历史

Part 2

今天人类认识的宇宙

Part 3

探索宇宙的重要技术

Part 4

宇宙源于大爆炸

Part 5

宇宙观察发现了什么

Part 6

恒星的一生

Part 7

黑　　洞

Part 8

探索之路仍然漫长

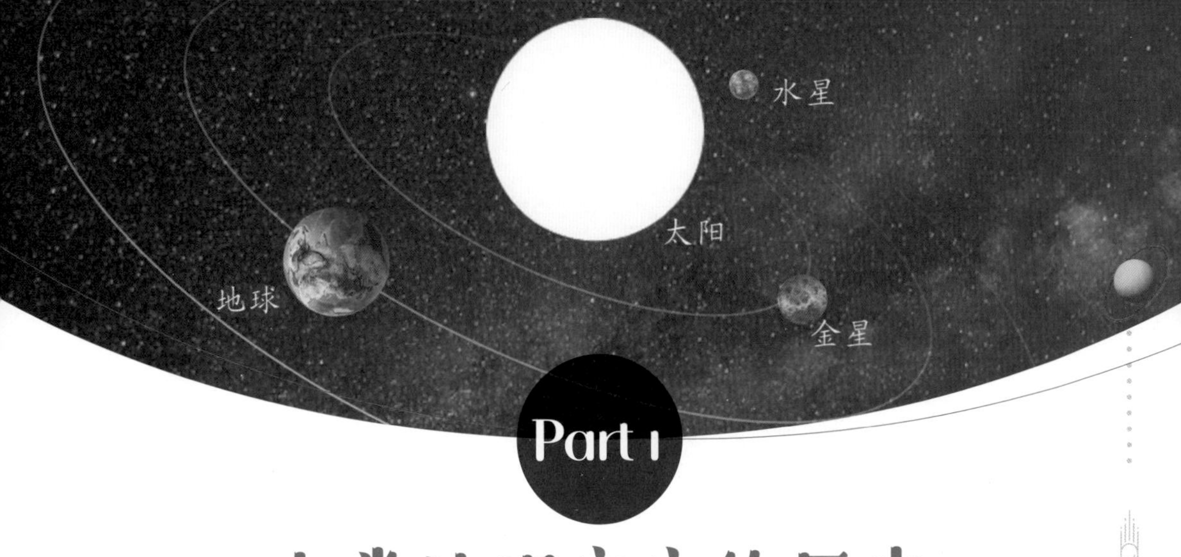

Part 1

人类认识宇宙的历史

一、中西方早期对宇宙的认识

在几千年的人类历史中，人们怀着好奇之心，对宇宙进行了不懈的探索。

中国古人对宇宙早已有了较为确切的认识。如战国时期《尸子》里便写道:“四方上下曰宇，古往今来曰宙。”认为“宇”代表空间,“宙”表示为时间。可见，古代人们早就认识到，宇宙应包含时间与空间这两要素。但在日常语言里,“宇宙”还是多指空间。

中国是世界上天文学发展最早的国家之一，古人在观测天象的过程中，对宇宙的认识也不断加深，形成了一些宇宙学说。其中影响较大的有3种：盖天说、浑天说和宣夜说。

盖天说也就是我们日常所说的“天圆地方”。在古人的眼中，地球是一块平坦的、四方的土地，天空好比一个圆形的屋顶，覆盖在大地上面，即“天圆如张盖，地方如棋局”(如图1-1)。这是对天地结构比较直观的认识，这种认识早在殷周时期就已经出现了。

汉代出现了浑天说，认为天不是一个半球形，而是一个圆球，地球在其中，就如鸡蛋黄在鸡蛋壳内部一样。东汉张衡的《浑天仪注》对浑天说有非常形象的描写:“浑天如鸡子，天体圆如弹丸，地如鸡子中黄。”可见浑天说的本质就是

图1-1 盖天说示意图

对天球的认识。浑天说对后来天文观测的影响很大，浑仪是中国古代天文观测仪器之一（如图 1-2），是以浑天说为理论基础制造的。

图 1-2 浑仪

前两种宇宙观，无论是盖天说还是浑天说，都将天体看成一个球体，也就是一种实体的观念。对比于前两者，宣夜说无疑是一场思想革命。

宣夜说是一种认为宇宙无限的气宇宙论，认为“天”并没有一个固定的天穹，只不过是无边无涯的气体，日月星辰就在气体中飘浮游动。这种宇宙论虽然对天文测量和天文历法没有产生什么影响，但却启发了人们对宇宙本原和天体演化的认识。宋代理学家朱熹便是根据这种气的宇宙观提出了关于宇宙演化的猜想。

除了中国，生活在地球上其他地方的人们同样对宇宙充满好奇。在西方，“宇宙”这个词在英语中是“cosmos”，在俄语中叫“КОСМОС”，在法语中称“cosmos”，在德语中为“kosmos”。它们都源于希腊语，其原意是“秩序”。古希腊人认为宇宙的创生是从混沌中产生出秩序而成的。英语中经常用来表示宇宙的单词是“universe”。在大多数情况下，“universe”与“cosmos”表示相同的意义，不同的是，“universe”强调的是物质现象的总和，“cosmos”则强调宇宙整体的构造。由此可见，古代西方世界同样认为宇宙乃天地万物的总称。

欧洲古代的腓尼基人居住在地中海南岸，擅长航海，很早就沿大西洋东岸航行，往来于赤道南北。在大西洋暖流的帮助下，他们能向北到达挪威。恒星的位置随南北纬度的变化而明显不同，因此他们不仅会得出天是球状的结论，还能断定地也是球形，而且地比天小得多。这就为后来地心说的建立奠定了基础。

地心说主要有 3 个观点：其一，地球是球体。其二，地球是静止不动的，而且处于宇宙的中心。其三，所有日月星辰都围绕地球转。

西方世界广泛受地心说的影响，在 16 世纪“日心说”创立之前的 1 300

年中，“地心说”一直占统治地位。甚至有人认为西方人能发展出近代科学，是得益于地心说。

各地神话传说中描写的宇宙，同样也反映出当时当地的宇宙观。世界各地的神话传说，对宇宙的认识也有着很大的相似之处，如宇宙最初是一个蛋或胚胎。这些认识有相似之处，但同样有差异。

中国古代崇尚自然，认为宇宙天地、万事万物都是自在自为的，不需要一个外在的创造者、主宰者。当然，自然中也存在最大最强的存在物，即天。中国古代崇尚自然，但这并不等于没有神话，中国古人也有鬼神概念，只是认为任何鬼神都是自然的。

盘古开天辟地是人们所熟知的中国创世神话。其中认为宇宙最初是一团无边无际的“混沌”，这里面孕育着我们人类的老祖宗——盘古。他在黑暗中发育了 18 000 年，长成了一个其大无比的巨人。一天，盘古突然醒过来，他睁眼一看，发现什么也看不见，四周都是漆黑模糊的。突然，他看见不远处好像有什么东西闪着光，走过去一看，原来是一把斧子，顺手就捡了起来，对着面前的漆黑用力一砍。一声巨响后，那些轻且清澈的东西便往上升，形成了湛蓝清澈的天空；另一些重而浑浊的东西则慢慢下降，沉积起来，变成了坚实凝重的大地。混沌的天地，就这样被盘古劈开，形成了界限分明的天和地。天和地分开后，盘古担心他们还会合拢，于是他就用头顶天，脚撑地，站在天地之间。天空每天会升高一丈，而大地每天也会加厚一丈，盘古的身体也随之增长。终于有一天，他觉得天地已相当牢固，不必再担心他们会合到一起了。这时，他也感到自己的力气已全部用尽，最后，盘古倒地身亡。临死时，他口里呼出的气化为风和云，最后的吼声变成了雷霆，双眼变成了太阳和月亮，四肢和身躯化为大地的四极和五方的名山，血液变成了江河，筋脉变成了道路，肌肉变成了肥沃的土地，头发和胡须变成了天上的星星，皮肤和汗毛变成了花草树木，牙齿、骨头和骨髓等也都变成了闪光的金属、坚硬的石头、圆亮的珍珠和玉石，就连汗水也变成了雨露和甘霖。

盘古开天辟地的神话不仅是远古祖先对宇宙奥秘探索的反映，是古人对自然万物的解释，还体现了中国古代对自然的信仰。天地可自行分开，并不需要外来的力量，人们想象出盘古，只是将大自然的力量形象化。

西方古代宇宙神话以神明创世为主，后来抽象为上帝。西方认为上帝是全知全能无生无死无所不在的，是现实世界的创造者和主宰者。

印度的古代神话这样描述：世界由创造、毁灭到再创造，周而复始地永远轮转着。当造物主梵天知道洪水已把众生毁灭，他就将一个蛋打开，再生的过程由此开始。造物主梵天首先创造了水、火、气、风、天、地，地上又生出山和树木，然后他创造了各个时节，以此组织成为宇宙。

位于中东的文明古国巴比伦，在其创世神话中，众神各司其职，分管着万物。

四大文明古国之一的埃及，对宇宙的最初描述是：天神泰姆曾一度孤独地生活，经过一番思索后，他在自己的头脑中创造了天和其中的天体、众神、大地、男人、女人和其他动物，最后将心中所想的变成了现实世界。

古老的希腊神话中，有许多关于天地开辟等方面的有趣故事。最初，陆地、海洋、天空都混杂在一起，陆地还不坚固、海洋还能兴波、天空并无光明，混乱的物质彼此斗争着。逐渐地，这些原始的物质开始分开。在天地形成的过程中，最先出现的神是大地之神盖娅，盖娅在西方的地位近似于东方的女娲，不同的是女娲创造了人类，而盖娅创造了众神。随后，在大地上面出现了黑暗、黑夜和光明、白昼。大地又生出天空，即统治整个宇宙的第一位天神乌拉诺斯。

在众多神话传说中，广泛被西方人认可的便是《圣经》中记载的关于世界起源的神话故事。

《圣经·创世记》第一章中描写道：上帝用了 6 天的时间，凭借自己的能力创造了宇宙，使原本混沌黑暗的世界焕然一新。上帝的创造工作具体如下：第 1 天，上帝创造了光，称光为昼，称暗为夜。世界从此有了光明与黑暗。第 2 天，上帝创造空气，将空气以上的水和空气以下的水分开，称空气为天。第 3 天，上帝将天下的水聚集在一起，称之为海。于是陆地露出了水面，同时使陆地长出各种植物。第 4 天，上帝创造了日、月和星星，因此出现了时间（包括昼夜、日期、节令等）。第 5 天，上帝创造了水中的生物，并创造了鸟类在天地间飞翔。第 6 天，上帝创造了陆地上的动物，最后还创造了人类。第 7 天，上帝完成了宇宙及天地万物的创造工作，便安息了。所以第 7 天定为圣日，俗称安息日。

东西方的创世神话体现出来的信仰差异之所以存在，是因为人们对宇宙的认识有所不同。西方早就认识到地比天小得多，那么存在一个万能而永恒的上帝也是合理的推想。中国人则认为天地是可以等量齐观的，认为天地之间不过也就十万八千里。

当然，这些神话中对自然的解释并不科学，但无论是哪个地区的创世神话，都反映着古人渴望了解宇宙、解释自然的共同愿望。在人类历史的早期阶段，生产力低下，人类对自然的依赖度较大，人们支配自然的能力有限，自然灾害几乎是他们无法抵御的，古人便通过幻想或想象来表达他们战胜自然的愿望。同时，人们对宇宙的起源、进化及形成存在极大的好奇心，这也不断地促使人们去寻求真正的答案。

二、近现代人们对宇宙认识的发展

从16世纪哥白尼提出日心说开始，天文学逐步地摆脱了宗教的束缚，开始成为一门近代科学，向着天体力学发展，人类对宇宙的认识也在不断深入。

在文艺复兴时期，已有许多进步思想家和天文学家对破绽百出的地心说表示怀疑。但是，真正打破这个体系的是天文学家哥白尼。

哥白尼经过几十年的研究，建立起一个崭新的宇宙体系，认为地球只是一颗行星，和别的行星一样，都在同心的圆周轨道上围绕太阳运行。行星排列的次序：水星在最内的圆周上，依次往外是金星、地球、火星、木星，土星在最外的圆周上。月球围绕地球运行，同时也被地球带着围绕太阳运行，恒星则在遥远的空间里。星空的昼夜旋转是地球自转的视觉效应；而在地球上看到的其他行星的顺行和逆行，则是所有行星绕日公转的必然结果。

这个现在看起来既简单而又基本的体系，使人们对于宇宙的看法从主观的、神秘的、原始的理解，逐渐发展到近代客观的、合理的理解。尽管受到教会势力的重重阻拦和迫害，哥白尼的日心说仍然得到诸多有识之士的支持，并不断地发展。

哥白尼死后3年多，在丹麦诞生了一位卓越的天文观测者——第谷。他的工作对哥白尼日心说的巩固和发展起了很大作用。第谷受到丹麦国王的资助，修建了一座天文台，那是世界上最早的大型天文台。第谷曾经提出一种介于地心说和日心说之间的宇宙结构体系——行星绕太阳运动，而太阳率领众行星绕地球运动。归根到底，他的体系是属于地心说的。其实，第谷主要的功绩在于制造仪器和观测。他认为，只有依靠大量的精密观测记录，才能够创立正确的行星理论，并计算出可靠的行星表。因此他特别勤恳地观测太阳、月球和行星的方位，并做出了精确的记录。第谷在逝世前，将这些珍贵的观测记录赠给了他的助手开普勒。

开普勒是哥白尼学派的忠实跟随者，他发现对于火星运动来说，不论按哥白尼的日心体系还是按托勒密的地心体系，乃至第谷设想的体系，都不能得到与第谷的观测相吻合的结果。他在分析了哥白尼的日心体系和托勒密的地心体系以后，发现它们有一个共同点，那就是二者都认为天体是做匀速圆

周运动的。

开普勒敏锐地感觉到，可能正是这一共同点存在问题。于是他设想了火星的各种轨道曲线。经过了十多年的不断尝试和复杂计算，他终于在 1609 年和 1619 年分别发表了对所有行星运动都适用的开普勒三大定律，从而对哥白尼学说作出了第一次重大的调整。

伽利略是与开普勒同一时代的意大利科学家。1609 年伽利略听说荷兰人发明了望远镜，他便独立地研究制造出了天文望远镜。1610 年，伽利略开始用望远镜观察天体，随即发现了许多前所未知的天象。他发现木星有四颗卫星，从而为地球不是宇宙中心找到了一个直接的观测证据。这使他更加相信哥白尼理论的正确性。借助于天文望远镜，伽利略还先后发现了土星光环、太阳黑子、太阳的自转、金星和水星的盈亏现象，以及银河是由无数恒星组成的，等等。这些天文现象的发现，使人们对宇宙的认识愈加丰富，也愈加激起了人们对宇宙探索的热情。

牛顿年轻的时候就已经接受了哥白尼的理论，并相信开普勒提出的行星按照一定轨道运动的理论。但为什么会这样运动呢？他感到一定有种隐藏着的力量在牵着这些行星，使它们不至于脱离轨道，在天空中乱飞。月亮绕着地球运转，一定是有种力在牵着它；一件东西向地面落下，也是因为被这种力吸向地面。于是在开普勒、伽利略和惠更斯等人工作的基础上，牛顿发现了万有引力定律。牛顿证明天体遵循一定轨道运动的因素是引力，并从万有引力定律出发，将两千年间的观测贯穿起来，一并加以说明。牛顿的理论成功地摧毁了地心说。

虽然日心说取代地心说是一个重大的历史进步，但它们都是处于宇宙永恒不变的前提下的，仅仅是回答了宇宙的结构与运动以什么为中心的问题。牛顿万有引力定律的应用更是加固了这个前提。

1755 年，德国青年哲学家康德匿名发表了星云假设，认为太阳系中的所有天体，是由一团稀薄的原始星云通过万有引力作用而逐渐形成的。这虽然在理论上是对宇宙永恒不变观念的一次突破，但由于缺乏观测证据而长期得不到公认。相反，在宇宙永恒不变的前提下，根据万有引力定律作出的诸多预言则屡屡得到证实：1758 年哈雷彗星如期回归；1846 年推算到的未知行星海王星果然被发现；1862 年和 1892 年先后被发现的天狼星和南河三的暗伴星，则证明万有引力定律同样适用于太阳系以外的恒星世界。

18—19 世纪是近代天文学大发展的世纪，天文学向着研究天体的物理结构和物理过程的天体物理学方向发展。人们得以逐步深入地认识天体的物理本质。由于技术的发展，天文望远镜及其终端设备、附属配件的性能越来越好，使天体测量的精确度日益提高。人们逐渐发现宇宙中存在千千万万的恒星，并且远近不同地分布在宇宙中，而非分布于天球薄层之上。

20 世纪初，爱因斯坦根据广义相对论对宇宙学进行了一项开创性工作。在这一过程中，他惊奇地发现自己计算方程内的宇宙竟然不是静止的，它会随时间膨胀或者收缩。但这一结果不仅与当时被视为科学真理的宇宙永恒不变的观念不符，爱因斯坦本人也曾坚定地认为宇宙应该是静止的，而且当时也没有任何的观测事实来支撑这一说法。为保险起见，爱因斯坦在他的方程式中加入了一个附加项以维持宇宙静止，从而得到一个新的静态宇宙模型，主张宇宙是静止和有限无界的。

随着天文学家的各种发现和人们思想的逐渐开放，人们的宇宙视野也在不断地扩大，从局限于太阳系不断扩展到银河系，人们也在思考着银河系之外的宇宙。

Part 2

今天人类认识的宇宙

一、宇宙有多大

随着科技不断发展进步，人类对宇宙的了解越来越多，更加认识到宇宙的浩瀚。人们总说宇宙很大，但是它到底有多大呢？宇宙的大小是天体物理学的基本问题之一，也是目前无法回答的一个问题。目前科学家们对宇宙直径大小的预估为 930 亿光年，也存在不同的猜测。但这仅仅是目前可观测的宇宙大小，还有更大部分我们无法观测到。

或许有人会问，光年是什么？正是因为宇宙非常大，我们平时所用的长度单位（如米、千米等）都难以用来描述宇宙的大小。于是天文学家就创造了一种新的计量单位——光年。1 光年是光在真空中一年时间所走过的距离，约为 9 460 730 472 580 千米。更直观地讲，普通民航客机的飞行速度约为 800 千米 / 小时，那么民航客机要连续飞 11 825 913 091 小时（折合 135 万年）才能走完 1 光年的长度。对比地球呢，地球赤道直径大约是 12 742 千米，我们赖以生存的地球不过是宇宙中十分渺小的“尘埃”罢了。

飞得最远的人造探测器是 1977 年 9 月发射的“旅行者 1 号”，它已经飞行了 40 多年，从严格意义上讲，它仍没有飞出太阳系。

二、宇宙在膨胀

宇宙大小的问题让不少天文学家伤透脑筋，当人们发现宇宙在不断膨胀后，人们又不得不放弃了宇宙永恒不变的观念。实际上这一发现也是现代宇宙学的开端。在这之前，宇宙永恒不变的观念被当作是毋庸置疑的“科学真理”。连爱因斯坦也曾坚定地认为宇宙应该是静止的。在 1916 年，爱因斯坦在研究广义相对论时惊讶地发现，从数学的角度看，宇宙要么是在膨胀，要么是在收缩，这是一个出乎意料的结果。由于这个理论在当时太过于革命性，连爱因斯坦本人都不相信自己得出的方程式所给出的预言。为了能自圆其说，他在他的方程式中加入了一个附加项以维持宇宙静止。后来，爱因斯坦本人也承认这是一个极大的错误。这也提醒着我们，不要认为现在我们对宇宙已经很了解了，其实我们现在看来正确的科学观念，在未来也有可能会成为过时的笑柄。

20 世纪 20 年代后期，美国天文学家埃德温·哈勃及其同事发现了星系正在彼此分开，从而发现了整个宇宙在不断膨胀的事实，认为星系彼此之间的分离运动也是膨胀的一部分，而不是由于任何斥力的作用。就像气球上的斑斑点点，随着气球被吹胀，气球上的斑点就会各自远离(如图 2-1)。

图 2-1　膨胀的气球

其后的宇宙膨胀学说提出：我们可以假设宇宙是一个正在膨胀的气球，而星系是附在气球表面上的点。如果宇宙不断膨胀，就如气球的表面不断地向外膨胀，则气球表面上的每个点彼此会离得越来越远，其中某一点上的某个人将会看到其他所有的点都在远离，而且离得越远的点远离速度越大。

三、宇宙的构成物质

1. 宇宙中的化学元素

某种化学元素是指原子核内质子数相同的一类原子。目前地球上的已知元素有一百多种，按照原子核中质子数的多少排列在元素周期表中（如图 2-2）。

元素周期表

1	2	3	4	5	6	7	8	9	10	11	12	13	14	15	16	17	18
1 H 氢 1.008																	2 He 氦 4.003
3 Li 锂 6.941	4 Be 铍 9.012											5 B 硼 10.81	6 C 碳 12. 01	7 N 氮 14.01	8 O 氧 16. 00	9 F 氟 19.00	10 Ne 氖 20.18
11 Na 钠 22.99	12 Mg 镁 24.31											13 Al 铝 26.98	14 Si 硅 28.98	15 P 磷 30.97	16 S 硫 32.06	17 Cl 氯 35.45	18 Ar 氩 39.95
19 K 钾 39.10	20 Ca 钙 40.08	21 Sc 钪 44.96	22 Ti 钛 47.87	23 V 钒 50.94	24 Cr 铬 52.00	25 Mn 锰 54.94	26 Fe 铁 55.85	27 Co 钴 58.93	28 Ni 镍 58.69	29 Cu 铜 63.55	30 Zn 锌 65.41	31 Ga 镓 69.72	32 Ge 锗 72.64	33 As 砷 74.92	34 Se 硒 78.96	35 Br 溴 79.90	36 Kr 氪 83.80
37 Rb 铷 85.47	38 Sr 锶 87.62	39 Y 钇 88.91	40 Zr 锆 91.22	41 Nb 铌 92.91	42 Mo 钼 95.94	43 Tc 锝▽ (98)	44 Ru 钌 101.1	45 Rh 铑 102.9	46 Pd 钯 106.4	47 Ag 银 107.9	48 Cd 镉 112.4	49 In 铟 114.8	50 Sn 锡 118.7	51 Sb 锑 121.7	52 Te 碲 127.6	53 I 碘 126.9	54 Xe 氙 131.3
55 Cs 铯 132.9	56 Ba 钡 137.3	57~71 La~Lu 镧系	72 Hf 铪 178.5	73 Ta 钽 180.9	74 W 钨 183.8	75 Re 铼 186.2	76 Os 锇 190.2	77 Ir 铱 192.2	78 Pt 铂 195.1	79 Au 金 197.0	80 Hg 汞 200.6	81 Tl 铊 204.4	82 Pb 铅 207.2	83 Bi 铋 209.0	84 Po 钋▽ (209)	85 At 砹▽ (210)	86 Rn 氡▽ (222)
87 Fr 钫▽ (223)	88 Ra 镭▽ 226	89~103 Ac~Lr 锕系	104 Rf *𬬻▽ (261)	105 Db *𬭊▽ (262)	106 Sg *𬭳▽ (266)	107 Bh *𬭛▽ (264)	108 Hs *𬭶▽ (277)	109 Mt *鿏▽ (268)	110 Ds *𫟼▽ (281)	111 Rg *𬬭▽ (282)	112 Cn *鿔▽ (285)	……					
		镧系	57 La 镧 138.9	58 Ce 铈 140.1	59 Pr 镨 140.9	60 Nd 钕 144.2	61 Pm *钷▽ (145)	62 Sm 钐 150.4	63 Eu 铕 152.0	64 Gd 钆 157.3	65 Tb 铽 158.9	66 Dy 镝 162.5	67 Ho 钬 164.9	68 Er 铒 167.3	69 Tm 铥 168.9	70 Yb 镱 173.0	71 Lu 镥 175.0
		锕系	89 Ac 锕▽ (227)	90 Th 钍▽ 232.0	91 Pa 镤▽ 231.0	92 U 铀▽ 238.0	93 Np 镎▽ (237)	94 Pu 钚▽ (244)	95 Am *镅▽ (243)	96 Cm *锔▽ (247)	97 Bk *锫▽ (247)	98 Cf *锎▽ (251)	99 Es *锿▽ (254)	100 Fm *镄▽ (257)	101 Md *钔▽ (258)	102 No *锘▽ (259)	103 Lr *铹▽ (262)

原子序数 → 1；元素符号 → H；元素名称 → 氢；原子质量 → 1.008；放射性元素半衰期最长同位素的质量数 → (244)；人造元素 → *；放射性元素 → ▽

碱金属　碱土金属　主族金属　非金属　卤族元素　稀有气体　过渡金属　镧系　锕系

图 2-2　元素周期表

但是，宇宙中自然形成的元素只有 92 种，即周期表中第 1 号的氢到第 92 号的铀。宇宙形成初期，在高热、高压、高密度的条件下，宇宙就像一锅浓稠的“粒子汤”，粒子以极快的速度相互碰撞而发生反应，大量的氢元素逐渐被制造出来。少数氢原子和其他粒子结合产生了氦元素。于是，在早期的宇宙中，氢元素和氦元素的比例大约是 3 ∶ 1，它们几乎就是宇宙中的全部物质。

除了氢和氦以外，其余 90 种元素是怎么被制造出来的呢？宇宙诞生之后冷却得非常快，几乎不可能有制造其他元素的条件。就连原始的恒星中心也无法提供制造其他元素所需的高温。所幸这个谜很快就被揭开了。作出这个解释的是一位叫作弗雷德霍伊尔的科学家，他提出，宇宙中一颗爆炸的恒星可以释放出足够的热量来产生所有的新元素，这样的恒星我们称之为超新星。它爆炸产生的物质逸散在太空中，在各种力的共同作用下形成了行星。

所以，我们可以这样认为，宇宙中大部分化学元素是氢和氦，其他元素只占据很小的一部分。

2. 宇宙由什么成分组成

如果要问，宇宙是由什么组成的？我们可能会回答说，各类星体和气体就是宇宙的全部。然而科学总是出乎意料的，越来越多的研究指出，我们平常所说的“物质”可能只占到了宇宙组成的一小部分。宇宙中还有一些更特殊的物质，称为暗物质和暗能量，前者占到了宇宙的 28%，而后者的占比更是高达 68%。

暗物质不属于目前已知的任何一种粒子，不可观测且非常稳定，几乎不与其他物质发生反应。但是，暗物质所占的宇宙质量比例较大，因此与其他物质有着万有引力的相互作用，这一点在观测大质量星体或星体运动的时候就会表现出来。现在，人们可以通过对宇宙微波背景辐射的精确观测而确定出暗物质的总量。但由于它个性奇特，科学家们依旧很难捕捉到暗物质的踪迹。

暗能量就更让人摸不着头脑，这种在宇宙占据了如此大比例的成分，人们对它却知之甚少。人们同样无法观测到暗能量，但它的存在是对宇宙加速膨胀的解释中最为可信的一种。有研究指出，暗能量会与宇宙中的光发生反应，使得作用范围内的物质减少，引力减弱，导致宇宙的膨胀。

现在我们知道，能观测到的“普通物质”只是宇宙中的一小部分，不同寻常的暗物质和暗能量才是宇宙的主要成分，它们甚至主导了宇宙的某些特性。尽管它们依旧神秘，但在对未知事物的探索道路上，人类是会尽最大努力的。

四、宇宙天体的分类

夜观星空，会发现许多亮度不同的星星，它们有一些是能发光的天体，一些可能是突然出现的，还有一些天体是肉眼完全不可见的。下面简要介绍这些天体。

1. 恒星

像太阳那样能发光发热的星体称为恒星。恒星的氢原子会发生聚变反应而产生巨大能量。氢原子的两种同位素氘和氚在高温高压的条件下聚变为氦，释放出一个中子和巨大的能量（如图 2-3）。在夜空中，我们肉眼能看到的大部分“星星”都是恒星，其中除太阳外最亮的恒星为天狼星。距离太阳系最近的恒星是离地球 4.2 光年处的半人马座比邻星。

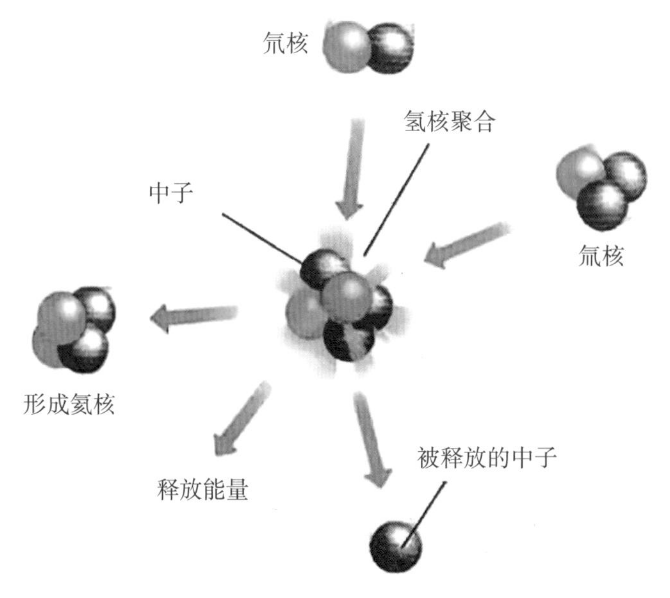

图 2-3　核聚变反应

2. 行星

行星通常不能发光，围绕恒星旋转。太阳系内的行星分为固态行星和气态行星。地球就是一颗固态行星，地核中的主要元素是铁和镍，密度较大。金星也是一颗固态行星，是天空中除了太阳和月球之外最亮的行星，行星本身并不能发光，只能反射太阳光。木星（如图 2-4）、土星、天王星和海王星是气态行星，密度较小，主要由氢、氦、氖等轻元素构成。

图 2-4　木星

3. 超新星

超新星是某些大质量恒星在自身的核聚变燃料燃烧殆尽之后经历一种剧烈爆炸，在短时间内喷射出大量的物质，释放大量能量，而变得极为明亮的星体。人类历史上有记载的超新星爆炸可追溯到我国东汉时期，当时有一颗超新星出现，在夜空中悬挂了 8 个月。

4. 黑洞

黑洞是超大质量恒星的最终归宿。年老的恒星耗尽了所有燃料，在自身物质的引力作用下不断朝内坍缩，最终，所有的粒子都十分紧密地挤压在一起，其巨大的引力仿佛使其成为一个洞，周围经过的所有物质都会被它吸进去，就连光也不例外（如图 2-5）。但事实上，黑洞并不是一个真正的“洞”，如果硬要比喻，那就是一个密度极高的黑色球体。在 2019 年 4 月，人类首张黑洞照片正式发布。

图 2-5 黑洞示意图

5. 星云

星云的体积十分庞大，密度却不高，其中的主要元素是氢和氦。星云是恒星诞生的“温床”，在一定条件下，气体和尘埃在引力作用下逐渐聚集并壮

大，形成恒星；而恒星抛射出的气体也会成为星云的一部分。比较著名的星云是蟹状星云（如图 2-6），它位于金牛座，是一次超新星爆炸后的残骸，目前仍在以极高的速度膨胀着，其中心有一颗脉冲星，正以每秒 30 次的频率闪烁着。

图 2-6　蟹状星云

6. 星系

星系是一个由众多恒星、行星及大量星际物质等组成的巨大系统。我们所处的银河系是一个螺旋状的扁平星系，拥有四条旋臂，直径为 10 万多光年，其中心有一个超大质量的黑洞。天文学家观察到的星系约有 10 亿个，在银河系周围的星系主要有：仙女座星系 M31、三角座星系 M33、仙女座河外星系 M110、仙女座河外星系 M32、仙女座星系 IC10、小麦哲伦星系、大麦哲伦星系等。

Part 3

探索宇宙的重要技术

一、望远镜是探索宇宙的“眼睛”

在望远镜发明之前，人类只能通过肉眼观测来探索宇宙。丹麦天文学家第谷在汶岛就进行了长达二十多年的星空观测，而遥远东方的明朝钦天监也在夜观天象，并记录道：“隆庆六年冬十月丙辰，彗星见于东北方，至万历二年四月乃没。”这时，人类处于裸眼观星时代，观测宇宙的视野受到很大的限制。

1608 年，荷兰的一位眼镜师汉斯偶然间发现将两块玻璃透镜组合在一起，可以看清远处的物体。于是他尝试把两块镜片安装在一个圆筒内，用于地面观景。这样，望远镜的雏形便形成了。

1609 年，远在意大利的伽利略受到这种小圆筒望远镜的启发，经过多次研究和制作，最后他利用一片平凸透镜和一片凹透镜，制作了一架口径 4.4 厘米、长 1.2 米、放大率为 32 倍的折射式望远镜，并将它指向深邃的星空。利用这个简易的望远镜（如图 3-1），伽利略观测到了与肉眼看到的星空不一样的景象，比如：看似光滑的月球上居然有大大小小的陨石坑；木星周围居然有卫星；太阳上还有黑子；等等。伽利略制作的这台望远镜是人类历史上第一台天文望远镜。至此，裸眼观星的时代结束，人类开启了使用天文望远镜来探索宇宙无穷无尽奥秘的新时代。

图 3-1　伽利略望远镜

天文望远镜诞生后迅速受到了天文观测者的追捧，但观星者对天文望远镜倍数的要求也越来越高。1611 年，德国天文学家开普勒采用两片双凸透镜，使望远镜的放大倍数有了明显的提高。尽管如此，当时的望远镜只能用曲率非常小的透镜，否则就会有色差，因此镜筒的口径受限。为了加大倍数，人们将镜筒的长度加长，甚至出现了镜筒长达 45 米的望远镜。

后来牛顿也加入了望远镜研制的队伍，他制作了一台由平面反射镜和凹面反射镜组成的天文望远镜，不仅缩短了望远镜的镜筒，还很好地消除了色差。这是世界上第一台反射式望远镜。1918 年末，口径为 254 厘米的胡克望远镜投入使用（如图 3–2）。这台强大的望远镜不仅可以看到天空的恒星，而且可以看到几万光年之外、处于银河系以外其他星系的恒星。哈勃曾利用它观测到遥远星系光谱的红移，支持了宇宙膨胀的理论，从而推翻了当时普遍认为的宇宙永恒不变的观点。

图 3–2　胡克望远镜

除了以上两类望远镜外，有人还结合了折射式和反射式两种望远镜的优点，发明了折反射式望远镜。它非常适合业余的天文观测和天文摄影，成为广大天文爱好者探索宇宙的“眼睛”。

望远镜质量大幅提高后，大气层对观测的影响就显得很明显，人们因而产生了将望远镜放到太空的想法。1990 年 4 月 24 日，美国“发现号”航天飞机将哈勃望远镜送上太空轨道。从此以后，哈勃望远镜成为人类在外太空的“眼睛”(如图 3-3)。它弥补了地面观测的不足，大大提高了观测的分辨率。哈勃望远镜升空 30 年以来，取得了许多突破性成果，对早期宇宙、星系的进化、黑洞、恒星的诞生和死亡，围绕其他恒星旋转的行星，乃至太阳系各个天体，都进行了大量的观测和探索，有些成果还改写了天文学教科书。另外，它还帮助天文学家解决了许多天文学上的基本问题，不断带给我们惊喜，让我们得以探索亿万光年外的宇宙秘密。例如：哈勃望远镜增进了人类对宇宙大小和年龄的了解；证明某些宇宙星系中央存在超高质量的黑洞；深入观测数千个星系；对千载难逢的彗星撞木星进行了详细观测等。

图 3-3　哈勃望远镜

以上介绍的都是光学望远镜，而望远镜的另一种类型为射电望远镜。与光学望远镜不同，射电望远镜主要由天线和接收系统两大部分组成，可以观

测和研究来自天体的无线电信号。巨大的天线就是射电望远镜的“眼睛”，天文学家通过分析天线收集和记录的微弱的宇宙无线电信号，就能够得到天体发送来的各种宇宙信息。我国贵州省大窝凼洼地的500米口径球面射电望远镜，也是世界最大单口径、最灵敏的射电望远镜，简称FAST（如图3-4）。

图3-4　中国“天眼”

2017年，天文学家们通过分布在全球的8座射电望远镜，构建了一个口径接近地球直径的虚拟望远镜，并将观测得到的数据进行了分析处理，经过2年的时间，最终得到了黑洞的照片（如图3-5）。于是，人类关于黑洞是否存在的争论就此消停，我们对宇宙的认知又迈出了重要的一步。

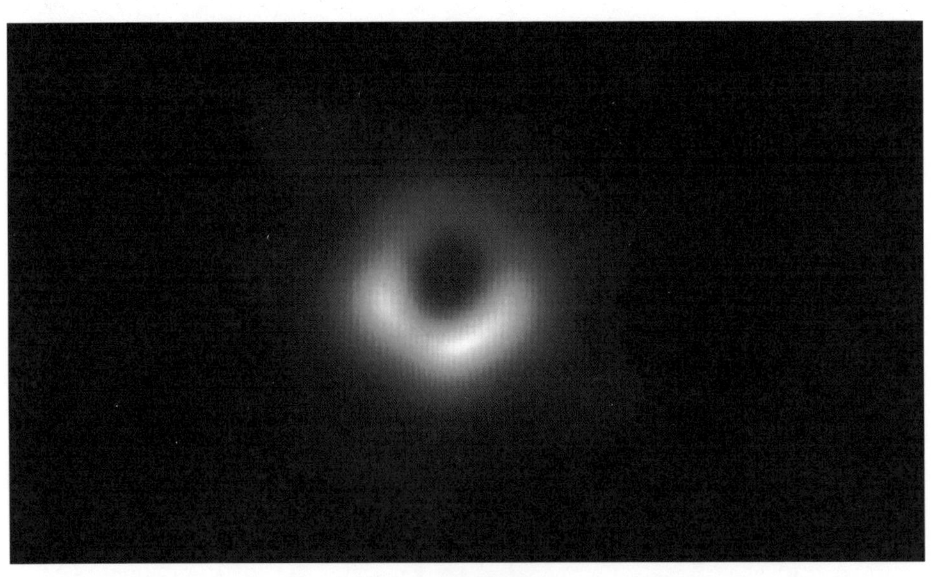
图3-5　黑洞的照片

无论天文学研究者还是业余爱好者，天文望远镜已经成了人类观测星空、探索宇宙的重要“眼睛”。随着望远镜在各方面性能的改进和提高，天文学也正处在快速发展阶段，迅速提升了人类对宇宙的认识水平。

二、光谱分析探究物质成分

1. 牛顿的光谱实验

早期人们认为白光是一种纯的、没有其他颜色的光，而有色光是一种不知何故发生了变化的光。1666 年，牛顿把一个三棱镜放在阳光下，透过三棱镜，白光在墙上被分解为不同颜色的光。牛顿发现的这种现象被称为色散现象（如图 3-6）。

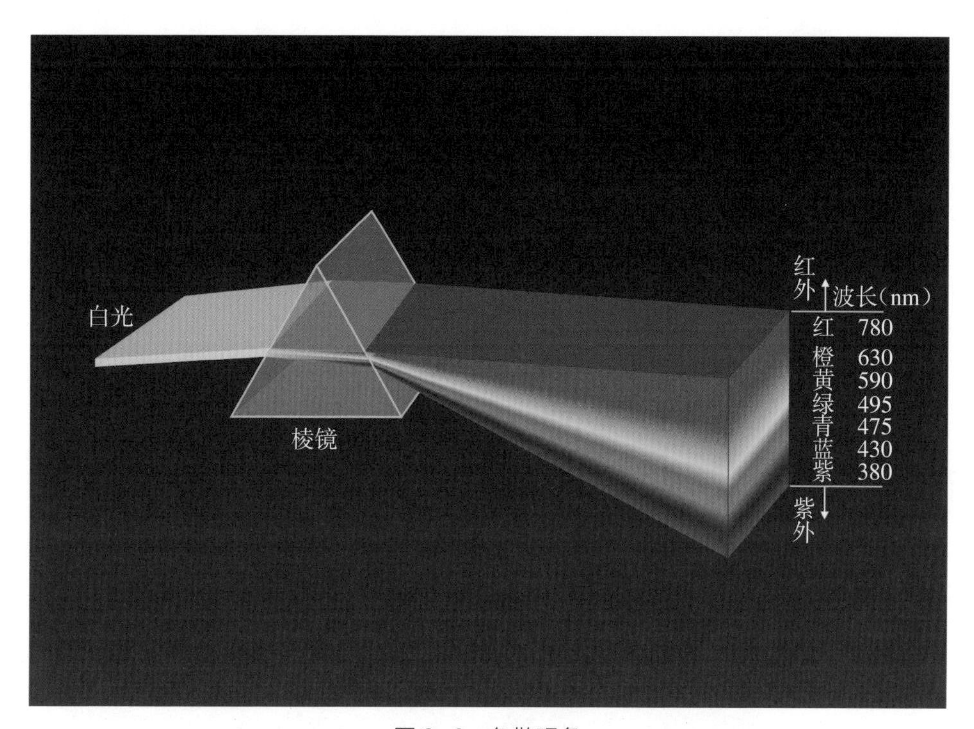

图 3-6　色散现象

白光通过三棱镜，其中不同颜色光的折射情况是不同的，红光频率较低、波长较长、折射率较小，紫光频率较高、波长较短、折射率较大，因而折射后的光分布为一条彩色带。

根据这一实验，牛顿认为白光是由七种颜色组成的，分别是红色、橙色、黄色、绿色、青色、蓝色、紫色。这条彩色带的颜色是连续分布的，称为连续光谱（如图 3-7）。

图 3-7　连续光谱

牛顿的光谱实验奠定了光谱学的基础。

2. 光谱分析

单一物质发光时，采用上述方法获得的不是连续光谱，而是一些不连续的光谱线（如图 3-8）。这种从物质发出的光所获得的光谱称为发射光谱。

图 3-8　单一物质的光谱

不同物质的光谱线分布是不同的（如图 3-9），因此可以通过对光谱的分析来确定物质的成分，还可以进一步分析出某一物质的含量，这种方法称为光谱分析。

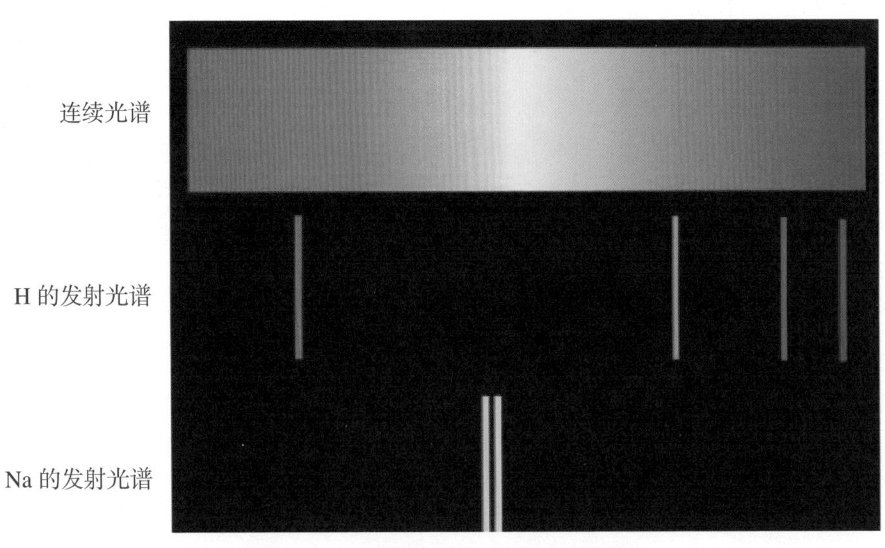

图 3-9　不同物质有不同的特定光谱

3. 发射光谱和吸收光谱

发射光谱是从物质发出的光中获得的。如果让白光透射过某种物质，物质就会吸收同一种频率的光，所获得的就是吸收光谱(如图 3-10)。

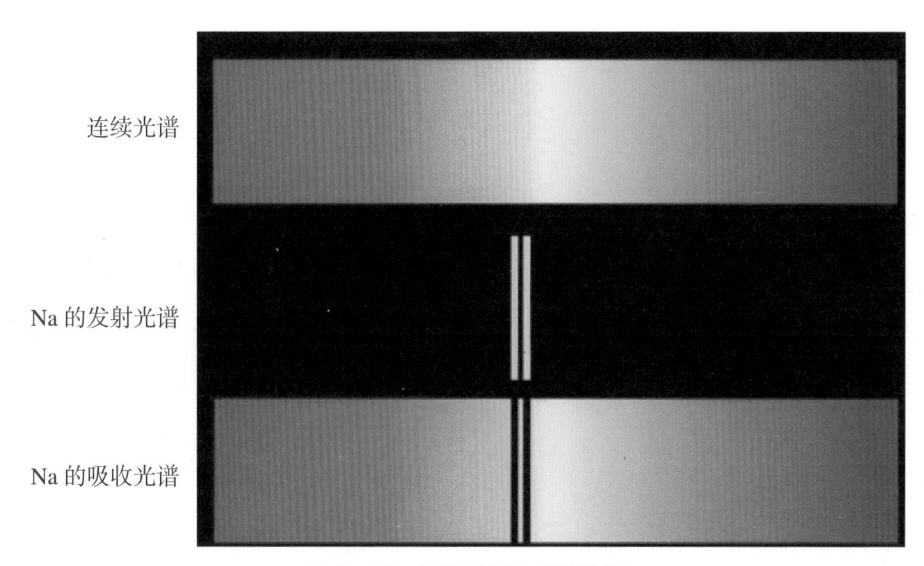

图 3-10 发射光谱与吸收光谱

4. 光谱分析用于天文观测

宇宙中各类星体都有其自身的光谱。科学家通过光谱分析，就可以了解宇宙深处日月星辰的化学成分。例如：太阳大气中含有氢、氧、钠、钾、钙、铁、铜、镍、钴等多种元素；冬季夜空中最亮的恒星——天狼星，其中铁的含量是太阳中铁含量的 316%。科学家还可以对天体的移动情况进行测算：根据多普勒效应，离我们远去的恒星，其光谱会向红端偏移。

如今，光谱分析已经成为光学和物质结构研究的主要手段，它既包括可见光区域的光谱，也包括不可见光区域的光谱。在天文学领域，它帮人类发现了宇宙大爆炸理论，是人类探索宇宙奥秘的重要技术手段。

三、空间站

我国古代有“嫦娥奔月”的神话故事，这故事表达了人们飞出地球、探索宇宙的愿望。但要把神话变成现实是非常不容易的。因为地球具有强大的吸引力，它能将地球上的一切东西紧紧地吸附在地球上。随着航天技术的发展，人类已经一步一步地将人造卫星、宇宙飞船、空间站送上太空，开拓天疆的梦想得以实现。

空间站是一种在近地太空长时间运行，可供宇航员巡访、长期工作和生活的载人航天器，在空间站上可以做多种科学实验与天文观测。宇航员可以分批到航天站工作，然后返回地球。

1971 年，苏联发射了“礼炮 1 号”空间站，它是人类历史上第一个空间站（如图 3-11）。此后，苏联陆续发射了“礼炮号”系列空间站，完成了天体物理学、航天医学等方面的研究，并进行长期失重条件下的技术实验。

图 3-11 “礼炮 1 号”空间站

比苏联稍晚一些，美国于 1973 年成功发射“天空实验室”空间站（如图 3-12）。宇航员在里面做了大量的材料加工、冶炼试验、宇宙生物学试验、天文观测、地球观测，取得了许多珍贵的成果。

图 3-12 “天空实验室”空间站

1986 年，苏联又发射了“和平号”空间站的核心舱，并在接下来的 10 年间不断运送新的模块到太空进行组装。其间有包括美国在内的许多国家的航天员拜访过这个世界著名的空间站。

1998 年，由美国、俄罗斯、11 个欧洲航天局成员国、日本、加拿大和巴西共 16 个国家分工建造的国际空间站第一个模块发射升空，随后陆续发射其他模块到太空进行补充。它是人类拥有过的规模最大的空间站，是迄今最大的航天工程(如图 3-13)。

图 3-13 国际空间站

我国也在积极建设属于自己的空间站。2011 年我国发射了“天宫一号”目标飞行器，随后发射了“天宫二号”空间实验室(如图 3-14)。它是我国第一个空间实验室，为我国空间站的建造奠定了基础。科学家们将在“天宫二号”上开展空间地球系统科学、空间应用新技术和航天医学等领域的应用和试验，将大大促进我国航天技术的发展。相信不久以后，我国将建成属于中国的空间站。

图 3-14 “天宫二号”空间实验室

未来，人类在空间站的活动可能不再局限在空间探测与空间科学研究，而是大规模地开发空间资源、开创空间产业，为人类开拓天疆。

Part 4 宇宙源于大爆炸

一、大爆炸宇宙学的提出

在 20 世纪 20 年代之前，人们一直以为宇宙只是由银河系构成的，并且是永远不变的。关于宇宙可能随时间流逝而变化的第一个明确提示，是爱因斯坦的广义相对论提出的。

当爱因斯坦试图用方程式描述整体的时空时，他发现竟然不能表示一个静止的、不变的宇宙。这些方程式表明，宇宙必须要么膨胀，要么收缩，而不能静止，因为当时没有宇宙膨胀或收缩的天文证据，爱因斯坦就在他的方程式中引进一个附加项，称为宇宙学常数的虚假因子，来维持宇宙模型的静止。

当时的很多研究者也在尝试用引力方程研究宇宙问题，他们求出的各种方程解描述了不同的宇宙模型。直到 20 世纪 20 年代后期，哈勃通过天文望远镜发现了星系的红移现象，表明星系因宇宙膨胀而在互相分开，并且证明了银河系只是宇宙中众多星系中的一个。由此看来，对宇宙行为的最佳描述是以不含宇宙学常数的爱因斯坦方程式为依据的宇宙模型。

想象一下，如果将我们今天看到的宇宙膨胀现状进行倒推，在很久以前的开始时刻，全部星系必定彼此挤成一团。在那之前，恒星必定曾经彼此接触，融合成与恒星内部一样热的大火球。因此，宇宙在时间上必须有一个确定的起点。

第一个现在看来仍算得上数的大爆炸模型，是 1927 年比利时天文学家乔治・爱德华・勒梅特提出的。他没有将相对论方程式一直回推到奇点；而是从宇宙全部物质挤压在比太阳大 30 倍的球的那个时刻开始，从膨胀角度描述

宇宙的诞生。他把这样一个球称为原始原子。勒梅特提出，由于不明的原因，原始原子爆炸开，破裂成碎块，这些碎块后来形成了我们看到的各种宇宙成分。

20世纪40年代，乔治·伽莫夫将大爆炸思想向前推进了一步。他阐明了早期宇宙发生的核反应如何能够将氢转变成氦，解释了极年老恒星中这两个元素的比例，并预言存在背景辐射，即大爆炸遗留下来的热辐射。宇宙背景辐射后来也被人们发现。他还认为引发宇宙大爆炸的是宇宙早期自身的高温（如图4-1），虽然在今天看来伽莫夫的观点并不完善，但基本上是符合实际的。

后来，宇宙学家已经可以通过计算推演宇宙是如何一步一步形成的，即人们可以找到宇宙大爆炸开始的时刻，往后宇宙又发生了什么变化。这些宇宙发展历程就成了大爆炸宇宙学的标准模型。这个标准模型显示，大约137亿年前，宇宙起源于一个致密炽热的奇点，温度极高，密度极大，瞬间产生巨大压力，之后发生了大爆炸。大爆炸过后，体积急剧膨胀，温度和密度不断下降，经过漫长的发展变化，宇宙由气态物质逐步演化为恒星和行星系统，成了今天我们所看到的模样。

图4-1　宇宙大爆炸示意图

二、大爆炸宇宙学的后续发展

大爆炸宇宙学并不是一个无懈可击、完全正确的理论，它无法回答这个问题：引起宇宙大爆炸的这个奇点来源于何方？现在仍没有人知道答案。

大爆炸之前，宇宙处于什么状态呢？一些物理学家认为“大爆炸之前”这个词没有明确意义。卡罗尔表示，宇宙可能是永恒的，又或者存在一个开始，只是我们不知道罢了。最近几年，科学家提出了一系列理论模型，试图描述大爆炸之前的纪元。物理学家保罗·斯泰恩哈特和尼尔·图罗克提出了“循环模型”，认为存在于更高维度空间的“膜”周期性对撞，形成与大爆炸有关的环境。数学物理学家罗杰·彭罗斯提出了“共形循环宇宙学”，认为大爆炸重复发生。但这些理论基本上都停留在猜测层面，需要人们进一步证实。

大爆炸之后，宇宙又发生了什么变化呢？物理学家艾伦·古思首先提出了“宇宙膨胀论”，是大爆炸理论的重大更新。他认为，在膨胀过程中，在一万亿分之一秒，一个神秘的抗重力引起宇宙以比预想更快的速度膨胀。宇宙膨胀是爆炸式的，速度比光速更快。在几分之一秒中，宇宙扩大了 1 050 倍。膨胀的速度如此之快，没有人确切地知道膨胀是怎样开始的，所以同一机理总有可能再次发生，即膨胀式的爆炸可能重复发生。

随着人类对天文学的不断探索，大爆炸宇宙学也面临了一些挑战。2011年，人类发现了迄今最远的类星体 ULAS J1120+0641。按照大爆炸理论，这个类星体在宇宙大爆炸后仅 7.7 亿年就存在了，但在胚胎宇宙中发现这么大的类星体是人们没有预料到的。类星体的红移量非常大，人们难以解释。如果按照引力红移解释的话，类星体需要有特别强的引力场，则需要有足够大的质量。然而，通过观测发现类星体上的物质相当稀薄，并且类星体是以不同速度往各个方向飞离的，按理说，该物质会有向我们靠近的部分，但人们只发现了红移，并没有发现蓝移。

大爆炸宇宙学后续发展的另一个极端是大收缩。科学家对宇宙的历程提出了新的理解，认为宇宙整体在坍缩，也许在离我们很远很远的某个地方有一种令人难以想象的暗能量正在牵引着整个宇宙。在过去 100 多年里，从爱因斯坦到霍金的大多数科学家，一直都认为宇宙最后将停止膨胀，并由于星系重心引力作用向内部坍缩。也许我们的科技足够发达，对宇宙更加了解，我们会发现，原来我们的宇宙真的在不断坍缩，直到整个宇宙坍缩成一个点。也就是说，我们的宇宙正在发生大爆炸的逆过程。

Part 5

宇宙观察发现了什么

一、宇宙在继续膨胀

宇宙大爆炸理论的一个重要支撑是 20 世纪初科学家发现了宇宙膨胀的证据。1912 年，美国天文学家维斯托・斯莱弗在星系的谱线中发现了红移，1929 年，美国著名天文学家哈勃把维斯托・斯莱弗的红移与勒梅特的宇宙测量标准结合起来，依据“所有星云都在彼此远离，而且离得越远，离去的速度越快”这样一个天文观测结果，得出结论：整个宇宙在不断膨胀。对宇宙膨胀的不断研究，几位科学家还因此获得了诺贝尔物理学奖。因研究宇宙膨胀和暗能量而获 2011 年度诺贝尔物理学奖的几位科学家是：布莱恩・施密特，亚当・里斯和萨尔・波尔马特。

二、光谱的意义

宇宙在膨胀这个结论是长期对遥远的星系、星云的光谱进行分析而得出的。什么是光谱呢？1666 年，艾萨克・牛顿发现透过玻璃窗射入的阳光会分成几种颜色，后来他用三棱镜研究日光，得出结论：白光是由不同颜色（即不同波长）的光混合而成的，不同波长的光有不同的折射率（如图 5-1）。

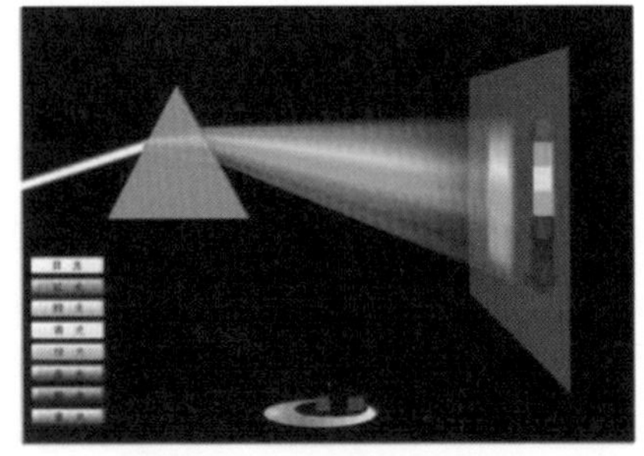

图 5-1　牛顿的分光实验

天文学家将光按不同波长大小依次进行排列的图案称为光谱。1814 年，德国物理学家夫琅和费利用牛顿的分光实验成果制成了第一具分光镜，发现了太阳光谱中的几百条吸收线，并发现有些恒星的光谱线也与太阳相似。在此后的 100 多年中，光谱法渗透到天文学的所有重要分支，人们由此分析出关于天体的物理状态、化学组成、距离、运动，乃至演化等诸多方面的信息。其中，19 世纪末美国哈佛大学提出的恒星光谱分类系统在恒星分类研究中最为有名，称为哈佛系统。按照这个系统，依照恒星的表面温度的顺序由左向右，把恒星光谱分为 O、B、A、F、G、K、M、R、S、N 等类型。其中，O 型星温度最高，约 40 000 开尔文；M 型星温度最低，约 3 000 开尔文。R 型、K 型、N 型等恒星是后来出现的，R 型恒星与 K 型恒星的光谱特征类似；N 型恒星和 S 型恒星与 M 型恒星相当。后来，哈佛大学天文台历时 40 年，按照恒星光谱中各种元素的谱线特征和强度，对哈佛系统进行了改进，发展为现在使用的摩根 – 肯那光谱分类法（如图 5–2）。

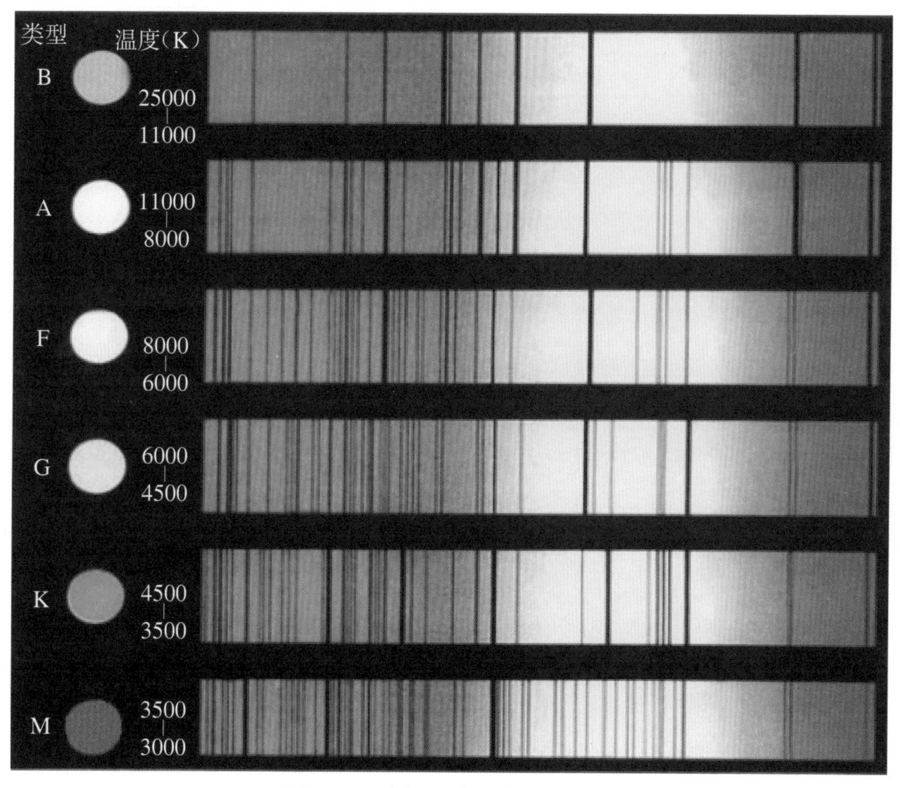

图 5–2　摩根 – 肯那光谱分类法

1911 年、1913 年，丹麦天文学家赫兹普龙和美国天文学家罗素先后发现恒星的光度与表面温度有一定的联系，总结出了反映恒星演化规律的赫罗图。

三、多普勒效应

1842 年的一天，奥地利数学家多普勒带着他的孩子在铁路旁边散步，一列火车从远处开来。多普勒注意到：火车在靠近他们时汽笛声越来越尖，然而就在火车通过他们身旁时，汽笛声声调突然变低沉了。这个平常的现象吸引了多普勒的注意，他思考：为什么汽笛声声调会变化呢？他抓住这一问题潜心研究多年，发现这是由于振源与观察者之间存在着相对运动，观察者听到的声音实际频率不同于振源频率。多普勒的这一个重大发现，被人们称为"多普勒效应"。

光波也会出现类似的多普勒效应，光波的多普勒效应又称为多普勒-斐索效应，1848 年法国物理学家斐索独立地对来自恒星的光波波长偏移作出了解释，提出了利用这种效应测量恒星相对速度的办法。一颗恒星远离观测者时，它的光谱就会向红光方向移动，称为红移。如果恒星朝观测者运动，它的光谱就向蓝紫光方向移动，称为蓝移。

通过测量多普勒效应引起的红移和蓝移，天文学家就可以计算出恒星的空间的运动速度。从 19 世纪下半叶起，天文学家用此方法来测量恒星的视向速度，即天体在观察者视线方向的运动速度：红移越大，视向速度越快。

四、银河外星系进入视野

初冬的夜晚，熟悉星空的人可以在仙女座内用肉眼找到一个模糊的斑点，俗称为仙女座大星云（如图 5-3）。在法国天文学家梅西耶为星云编制的表中，仙女座大星云的编号为 M31。

从 1885 年开始，人们陆续在仙女座大星云中发现了许多新星，因而推断仙女座大星云不是被动地反射光的尘埃气体云，而是由许多恒星组成的星系。

图 5-3　仙女座大星云 M31

1923 年，哈勃在威尔逊山天文台用当时最大的 2.3 米口径的反射望远镜拍摄了仙女座大星云的照片，照片上该星云外围的恒星已可被清晰地分辨出来。为了明确仙女座星云的距离，他尽可能多地寻找仙女座星云中的新星，然后确定它的平均亮度。在拍摄的照片中，哈勃找到了更有用的天体，他确认出第一颗造父变星（天文学上把造父变星称为宇宙的量天尺）。在随后的一年内，哈勃一共发现了 12 颗这样的造父变星。他还在三角座星云 M33 和人马座星云 NGC6822 中发现了另一些造父变星。他利用周光关系定出这 3 个星云的造父变星视差，计算出仙女座星云距离地球约 90 万光年，而银河系的直径只有约 10 万光年，因此证明仙女座星云是银河外星系。其他两个星云也是远在银河系之外的银河外星系。目前，人们观测到了大约 10 亿个与银河系类似的银河外星系。

五、哈勃-勒梅特定律

1. 哈勃-勒梅特定律及其更名

2018 年 10 月 26 日，国际天文学联合会全体会员进行了表决，将哈勃定律重新命名为哈勃-勒梅特定律。哈勃-勒梅特定律描述了宇宙膨胀中的天体以与距离成正比的速度相互远离的现象。这一决议的提出，是为了向勒梅特和哈勃致敬，纪念他们为现代宇宙学发展所做的杰出贡献。星系相互退行远

离的发现是现代宇宙学的基石，也是天文学研究的一个重要里程碑。

哈勃-勒梅特定律揭示宇宙是在不断膨胀的，这种膨胀是一种全空间的均匀膨胀。因此，在任何一处的观测者都会看到完全一样的膨胀。从任何一个星系看，一切星系都以自身为中心向各方散开，越远的星系彼此散开的速度越快。

哈勃测量了斯莱弗发现的具有很快的视向退行速度的星系到地球的距离，发现了它们的距离和退行速度之间的特别关系，从而得出，银河外星系的视向退行速度 v 与距离 d 成正比：$v=Hd$。

等式中的 H 称为哈勃常数。v 以千米/秒为单位，d 以百万秒差距为单位，H 的单位是千米/(秒·百万秒差距)。哈勃-勒梅特定律有广泛的应用，它是测量遥远星系距离的唯一有效方法。也就是说，只要测出星系谱线的红移，再换算出退行速度，便可由公式算出该星系的距离。

定律一开始并没有得到世人的承认，直到 1936 年，科学家才确认了哈勃最初发现的距离与退行速度的比例关系是正确的。哈勃常数 H 的数值最初为 500，后来又进行了多次修改。现在人们通常用 H0 表示哈勃常数的现代值，并把 H 称为哈勃参量。现在一般认为 H 数值为 10~100。

2. 勒梅特的成就

1927 年，乔治·爱德华·勒梅特发表了爱因斯坦广义相对论方程式的解，这个解指出宇宙是膨胀的；它实质上与几年前亚历山大·弗里德曼的发现相同，但勒梅特当时并未获悉弗里德曼的工作。与弗里德曼不同的是，勒梅特特别指出星系可能是显示宇宙膨胀的“试验粒子”。

这篇论文当时几乎没有引起人们的注意，直到亚瑟·爱丁顿知道了这篇文章并请人将它译成英文于 1931 年发表在《皇家天文学会月报》上才引起了轰动，而这已经是星系红移和距离之间关系的哈勃定律公布之后了。此后，勒梅特提出了宇宙起源于一个“原始原子”的思想，这个原始原子只比太阳大 30 倍左右，却含有我们今天所见宇宙中的全部物质。这个原始原子像一个不稳定原子核的裂变那样发生爆炸而创造了膨胀的宇宙；所有这些最后都总结在他于 1946 年发表的著作《原始原子假说》中。

这是第一次试图从科学上说明导致宇宙开始膨胀的创始事件，虽然勒梅特的思想对 20 世纪 30 年代大多数天文学家的观点没有很大的影响，但他成功地在大众中普及了关于原始原子（或“宇宙蛋”）的见解。当乔治·伽莫夫和他的同事在 20 世纪 40 年代开始发展大爆炸思想时，他们更多地按照弗里德曼（伽莫夫过去的老师）的传统进行研究，不过勒梅特终其余生一直是大爆炸思想的坚定支持者，并亲眼看到它被人们接受，成为标准宇宙模型。

六、看不见的暗物质

20 世纪 30 年代，瑞士天文学家弗里兹·扎维奇发现，在星系团中，看得见的星系只占总质量的不到 1/300，而 99% 以上的质量是看不见的。他预测了暗物质的存在。

弗里兹·扎维奇当时对一个能看见的星系团——后发座星系团进行研究，并对星系团中星系的运动产生兴趣。通过观测，弗里兹·扎维奇发现星系在星系团中高速运动着。按照常识，地球卫星的速度一旦大于第二宇宙速度就会飞离地球。同样，还存在脱离太阳系的第三宇宙速度和脱离银河系的第四宇宙速度。由此，如果星系团中星系的运动速度过大，应该也会脱离星系团而飞向宇宙深处，并且这个宇宙速度的大小与星系团的总质量有关。但弗里兹·扎维奇发现，后发座星系团中星系的运动速度要远大于由该星系团可见星体的总质量算出的飞出宇宙的临界速度。即星系在星系团内运动太快，光靠我们看到的星系团物质的引力不能将它们束缚住。据此，弗里兹·扎维奇推测，在后发座星系团存在看不见的物质，这些看不见物质的质量应该是该星系团恒星质量的 10~100 倍。

到了 20 世纪 50 年代，天文学家根据银河系的自转轮廓，推算出了银河系的质量。人们发现这个值要远大于通过光学望远镜发现的所有发光天体的质量之和。也可以判断，银河系也有此前人们没有发现的物质，这些看不见的物质称为暗物质。以后人们研究发现，星际空间深处隐藏着比可见物质多得多的可将星系束缚在星系团中的暗物质，其总质量可能是可见物质的 10~100 倍。

目前，科学家们已经预测出，重子、中微子、轴子以及弱相互作用重粒子可能是组成暗物质的粒子。

七、氢弹实验与伽莫夫假想

氢弹是一种毁灭性武器，其原理就是利用氢的同位素（氘、氚）进行核聚变反应。必须在极高的压力、极高的温度条件下，氢核才有足够的能量去克服静电斥力而发生持续的聚变，因此，核聚变反应也称热核聚变反应或热核反应。

1942 年，美国科学家在研制原子弹的过程中，推断原子弹爆炸提供的能

量或许能引起氢核聚变反应，并想以此制造一种比原子弹威力更大的超级炸弹。1952 年，在太平洋的艾路基杭伯小岛上，美国爆炸了第一颗氢弹。之后从 20 世纪 50 年代至 20 世纪 60 年代后期，美国、苏联、英国、中国和法国都相继研制出了氢弹。

乔治·伽莫夫出生于俄国，是美国核物理学家、宇宙学家。在列宁格勒大学毕业后，曾前往欧洲数所大学任教。1934 年移居美国。他是美国氢弹提案的提出者，在氢弹的研究开发上做出了重要贡献。伽莫夫从氢弹实验中得到启发，形成了关于宇宙最初的元素形成过程的假想，认为宇宙也是从一个超高温、超高密度的“火球”开始的，并以此来解释宇宙氦丰度的观测数据如此之高的原因。

八、宇宙微波背景辐射

宇宙背景辐射是来自宇宙空间背景上的各向同性的微波辐射，也被称为宇宙微波背景辐射（如图 5-4）。20 世纪 60 年代初，美国科学家彭齐亚斯和 R·W·威尔逊为了改进卫星通信，建立了高灵敏度的号角式接收天线系统。1964 年，他们以此测量银晕气体射电强度。为了降低噪声，他们甚至清除了天线上的鸟粪，但依然有消除不掉的背景噪声。他们认为，这是来自宇宙的波长为 7.35 厘米的宇宙微波背景辐射，相当于 3.5 开尔文。1965 年，他们又将宇宙微波背景辐射订正为 3 开尔文，并将这一发现公之于世，他们因此获 1978 年诺贝尔物理学奖。

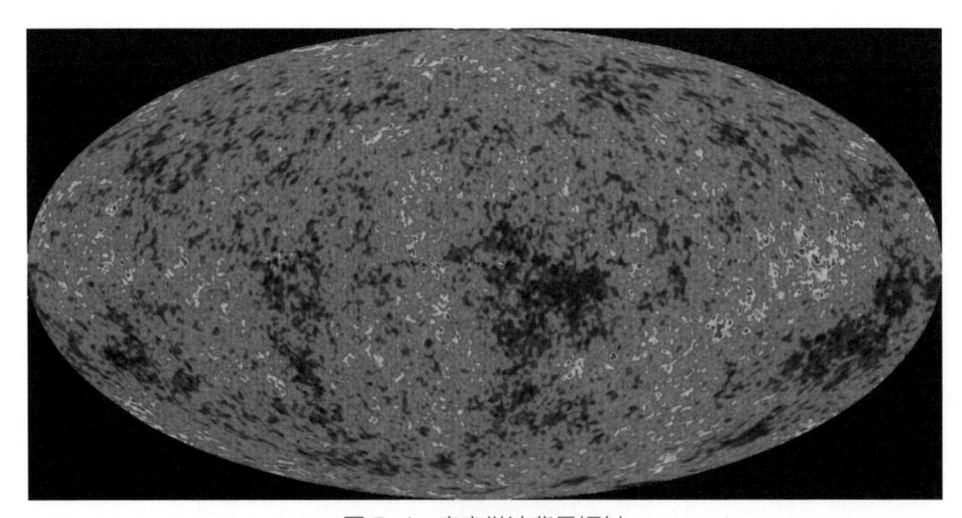

图 5-4　宇宙微波背景辐射

宇宙微波背景辐射的重要特征是具有黑体辐射谱，波长在 0.3~75 厘米波段，可以在地面上直接测到；在波长大于 100 厘米的波段，银河系本身的超高频辐射掩盖了来自银河外空间的辐射，因而不能直接测到；波长小于 0.3 厘米的波段，由于地球大气辐射的干扰，也要依靠气球、火箭或卫星等空间探测手段才能测到。波长从 0.054 厘米直到数十厘米波段内的测量表明，背景辐射是温度近于 2.725 开尔文的黑体辐射，习惯称为 3 开尔文背景辐射。

黑体辐射谱现象表明，宇宙微波背景辐射是极大的时空范围内的事件。因为只有通过辐射与物质之间的相互作用，才能形成黑体辐射谱。而现今宇宙空间的物质密度极低，辐射与物质的相互作用极小。即我们今天观测到的微波背景辐射必定起源于很久以前。

宇宙微波背景辐射的发现在近代天文学上具有非常重要的意义，它是大爆炸理论一个有力的证据，并且与类星体、脉冲星、星际有机分子并称为 20 世纪 60 年代天文学“四大发现”。

Part 6

恒星的一生

一、恒星的基本结构与组成

恒星是星系中最常见的天体，银河系中大约有 2 000 多亿颗恒星。恒星自己能够发光，是由炽热的气体组成的球状天体。恒星因为距地球极其遥远而看起来相对位置固定（太阳是唯一一颗离地球较近的恒星，因为距离近，看起来相对位置是不断变化的）。银河系的恒星大多类似太阳，只是距离我们比较远，显得很暗罢了。天文学家认为，恒星是由一团漩涡状的气体和尘埃逐渐凝聚而成的。对于大多数恒星来说，组成恒星的气体主要成分是氢，约占 90%；其次是氦，约占 10%；其他元素（如铁、碳等）很少，不足 1%。恒星内部不断发生类似氢弹爆炸的热核反应，这种热核反应产生出巨大的能量，并放射出强大的光芒。恒星的表面温度从几百摄氏度到几万摄氏度不等，其内部的中心温度则可达几千万摄氏度甚至数亿摄氏度。由于恒星发出的光芒非常强大，人们无法看清它内部的物质，只有靠科学家、天文学家用精密仪器经过复杂的测算才能了解。在整个宇宙内，每分每秒都有恒星诞生、演变 和毁灭。通过对各类恒星的研究，天文学家已经能够描绘出恒星一生的变化情况，更可以了解太阳过去及其未来的变化。

二、恒星的一生

恒星是在一种叫作星际云的物质中产生的。星际云是散落在宇宙当中的一团气体或固体，其中的成分为氢、氦等物质，体积和质量都非常大。星际云由于自身引力的作用而开始收缩，密度和压强也逐渐增大，使得中心部位的温度升高，达到一定值后，就有可能引起氢核的聚变反应，形成恒星的原始形态，称为原恒星。

当原恒星中心的气体密度及温度升高，产生氢聚变为氦的稳定核反应，就成为真正的恒星，发出光和热。新生的恒星有不同的大小，直径最小的不到太阳直径的一半，最大的可达太阳直径的 20 多倍。它们还有不同的颜色，从红到蓝。这些不同的特性，取决于恒星形成时所聚集的物质有多少。如果恒星形成时聚集的物质越多，最终形成的恒星质量和体积就会越大，恒星的表面温度也会越高，因此会辐射波长更短的光而呈现偏蓝的颜色；反之，小质量的恒星表面温度越低，辐射出的光线中属于长波成分的红色越多，因此看上去偏红。

恒星天文研究中很重要的一张图是赫罗图，赫罗图的横坐标是恒星的光谱型（代表温度），纵坐标是光度（代表星等）。天文学家将大量的不同恒星按照这两个特征画在一张图上，发现大部分恒星落在斜向的一个条带上（如图 6-1）。这个条带叫作主序。主序星通过热核反应持续产生使它发光发热的能量。

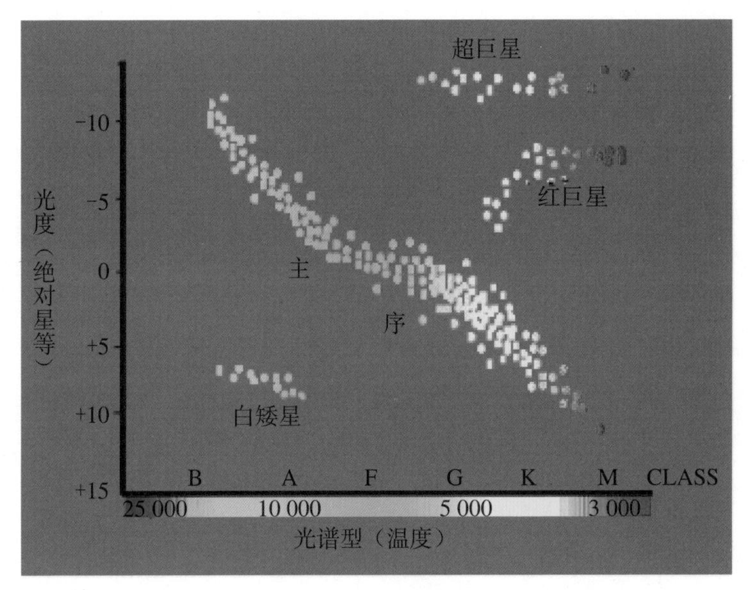

图 6-1 赫罗图

主序阶段是恒星的青壮年期，恒星在这一阶段停留的时间占整个寿命的 90% 以上。这是一个相对稳定的阶段，向外膨胀和向内收缩的两种力大致平衡，恒星基本不收缩也不膨胀。恒星能在主序上待多久，之后会变成什么样，完全取决于恒星的质量。

当一颗恒星内核的氢被热核反应消耗完时，它便会脱离主序，即将走到生命的终点。不同质量的恒星在图中的走向最终将分道扬镳。恒星的质量范围是 0.1 ~ 60 个太阳质量。质量太低（小于 0.08 个太阳质量）的天体，靠自身引力不能压缩它的中心区达到热核反应的温度而不能发出可见光，我们称之为褐矮星或棕矮星，不能称为恒星。质量在不同区间的恒星，演化的路径也不一样。

1. 红矮星：小质量恒星的演化

如果恒星的质量介于 0.08 个太阳质量与 0.5 个太阳质量之间，其发出来的光偏红，称为红矮星（如图 6-2）。由于自身的质量很小，因此相比较其他类型的恒星，引力也较小。恒星的核聚变反应的剧烈程度与自身质量有关，因此红矮星的核聚变反应会非常温和。正因为反应很温和，它的寿命都比较长，至少都在千亿年的级别。红矮星内核的核聚变反应是氢原子核的核聚变，生成氦原子核。由于自身质量不够大，当红矮星无法再触发氦原子核的核聚变反应时，引力的作用会使恒星开始收缩，变成一颗白矮星（如图 6-3）。它的密度奇高，一颗黄豆大小的白矮星物质，重约 1 吨。顾名思义，白矮星会发出较为暗淡的白光，所以显得较白。最后，白矮星会变成黑矮星，就完全不发光了。所以，红矮星到了晚年会越来越暗，最后成为一颗黑矮星（如图 6-4）。

图 6-2　红矮星示意图

客观地说，关于红矮星演化的模型还只是猜测，这是因为宇宙大爆炸至今只有 137 亿年，目前还没有一颗红矮星走到生命的尽头。

图 6-3　白矮星示意图

图 6-4　黑矮星示意图

2. 黄矮星：中等质量恒星的演化

恒星的质量超过了 0.5 个太阳质量，但不到 8 个太阳质量，发的光偏黄或呈黄白色，则称为黄矮星，太阳就是黄矮星。在主序阶段结束后，当核心氢燃烧殆尽，余下的氦核心便会开始坍缩，这时引力势能会转化为热能，紧邻核心的氢外壳会被加热而开始有热核反应，恒星亦同时膨胀。以太阳为例，大约50亿年后，太阳的半径会变大到原来的200倍，那时太阳将会吞噬水星、金星和地球。由于总表面增加，恒星变得极为光亮。虽然核心仍然保持炽热，但膨胀使表面温度下降，结果星光变红，最后演化为一颗红巨星。

所有红巨星都是变星，当外壳不断膨胀，氦核心同时不断收缩加热，氦原子的核聚变反应也会被触发，氦原子核的核聚变反应生成碳原子核和氧原子核。由于核心热力不足以把碳点燃，所以当所有氢和氦皆告用尽时，恒星便会开始收缩，密度越来越大，并变得越来越暗，最后成为白矮星。这时候，电子简并压力会和引力形成平衡，成为抵抗恒星进一步坍缩的主要力量。如果白矮星失去了能量来源，只能日益黯淡，最终成为不再发光的黑矮星。

如果红巨星内的核心热力能够把碳点燃，促发碳原子核的核聚变反应，就会生成镁、硅、磷、硫等原子核。碳核聚变反应的速度特别快，在不到1秒的时间内外壳会被直接炸飞，这个过程叫作碳闪。碳闪过后，恒星外壳的物质会被强劲的恒星风“吹掉”，整个外壳会被抛出外太空，最后成为行星状星云(如图6-5)。

图6-5 行星状星云

3. 蓝色恒星：大质量恒星的演化

如果恒星的质量超过 8 个太阳质量，聚集的物质会更多，表面温度更高，发出的光就会呈蓝色，我们称之为蓝色恒星。质量越大，光度越大，能量消耗也越快，停留在主序阶段的时间就越短。在主序阶段结束后，质量较大的恒星同样会经历外壳不断膨胀和氦内核燃烧的过程，并膨胀成为红超巨星。由于其质量非常大，恒星的内核中产生的新元素会一再被点燃，新的更重的元素组成的内核相继形成，内核外包裹着一层层燃烧的不同元素的同心壳层。因此这些大质量恒星还会制造出氖、钠、镁、硅等元素，直到内核变成铁为止。整个过程恒星是非常臃肿的，分成好几层，每一次都在发生不同的核聚变反应，就像洋葱一样。

此时的恒星再也无力支撑自身的引力，以极快的速度向内坍缩，其他的物质向外喷发，喷发与坍缩同时进行。这个过程便形成宇宙中的奇观——超新星爆发（如图 6–6）。超新星爆发释放出巨大的能量，在爆发的瞬间，超新星的光度可以与整个星系的光度相比，天空中就像突然出现了一颗明亮的星星一样。在超新星爆发后，原来恒星的外层物质被抛到周围的宇宙空间中，成为弥散的气体星云，而中心则产生一个致密天体——中子星或者黑洞。中子星是一种由中子组成的天体，密度极高，它的直径只有约 10 千米，但质量却和太阳相当。黑洞则是宇宙中最致密的天体，连光都无法逃脱它的引力束缚。

图 6–6　超新星爆发示意图

超新星爆发的时候，很多比铁更重的元素得以合成。这些元素不仅存在于地下的矿床里、人类的身体中，它们的谱线还出现在了太阳的光谱中。所以，我们的太阳系很有可能就诞生于大质量恒星死亡后的遗迹里。

恒星质量大于 60 个太阳质量的天体，由于自身引力压缩，中心很快达到高温，辐射压大大超过物质压，很不稳定，目前还未发现。

恒星诞生于星尘之中，终将归于星尘中去。

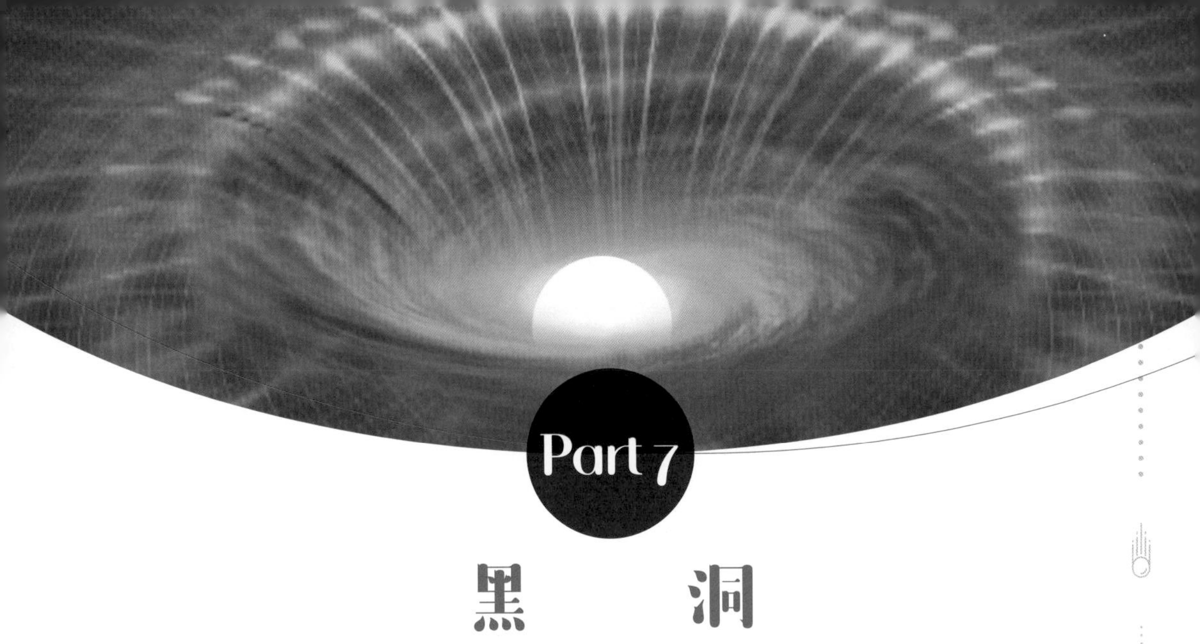

Part 7

黑　　洞

一、有关黑洞的理论预言

天文学上的“黑洞”，指的是一种特殊的天体：引力场非常强，就连光也不能逃脱出来。一般来说，黑洞是恒星演化后期的产物之一。许多科学家正在为揭开它的神秘面纱而辛勤工作着，新的理论也在不断地提出。

早在18世纪时，英国天文学家约翰·米歇尔就想到：如果一颗星的质量变得非常大，以至它的逃逸速度（克服该星的重力的速度）等于光速会发生什么？重力是如此巨大，因而这颗星体内的所有物体都克服不了重力，无法跑出外太空，从外部世界看它是黑的，所以要想在空间中找到这样一个物体从某种意义上来说是不可能的。1798年，法国著名科学家拉普拉斯根据牛顿力学，预言道：“一个质量如250个太阳质量，大小类似地球的发光恒星，由于其引力的作用，将不允许任何光线离开它。因而宇宙中最大的发光天体，不会被我们看见。”

1916年，德国天文学家卡尔·史瓦西按爱因斯坦的广义相对论推算后说：如果将大量物质集中于空间一点，其周围会产生奇异现象，即在质点的周围存在一个界面——视界，一旦进入这个界面，即使光也无法逃脱。由于质量足够大或者体积足够小的恒星都能演化成黑洞，他推论出了“黑洞半径”的公式，即质量为 M 的天体存在一个临界半径 R，在临界半径 R 里面引力强大到使光线都不能发射出来。这种天体被人称为黑洞，R 被称为黑洞的引力半径（或称史瓦西半径）。也就是说，一个天体，如果它的半径缩小到史瓦西半径以下，它就成为黑洞了。由这个黑洞半径的表达式我们可以知道，天体要形成黑洞的话，体积一定是变得非常小的。例如，太阳（质量为地球的33万

倍）的直径约130万千米，如果压缩成半径为3千米的球，它就成为一个黑洞，而我们的地球如果压成3毫米大小的微粒，也成了黑洞。

1939年，年轻的奥本海默根据广义相对论证明了：一个无压力的球体引力坍缩后不可能达到任何稳定的状态，只能形成黑洞。用更简单的话说就是：如果球体坍缩到史瓦西半径以下，就不再有任何其他的力能够跟引力相抗衡，球体除了继续坍缩，没有其他的出路。

许多人对黑洞的认识仅仅停留在：黑洞是一个密度大到光也无法逃出去的物体，黑洞里面有一个密度无穷大的奇点。到了20世纪60—70年代，迎来黑洞理论研究的黄金时代：科学家发现黑洞是"无毛"的；证明了奇点定理，即凡是黑洞必定存在一个奇点；发现了面积不减定理；证明了霍金辐射。这些发现大大改变了人们对黑洞的认知。

当然，即便有了黄金年代那些新的成果，对黑洞的研究依然还只是皮毛。目前人们通过测量黑洞对周围天体的作用和影响来间接观测或推测到它的存在。迄今为止，黑洞的存在已被天文学界和物理学界的绝大多数研究者认同，天文学界也常有新的发现和新的研究进展。

二、黑洞的奇妙性质

1. 黑洞无毛定理

人类可以根据毛发的颜色、长度、类型来区别不同的人，因此毛发可作为人的一种特征。以此比喻黑洞的话，黑洞是"无毛发"的，因为黑洞根本不存在自己的毛发信息。黑洞的巨大引力，会使它周围的一切物体都被吸入。这是一个"无底洞"，而任何物体，无论是人，还是动物，或是火车、汽车，一旦落入黑洞，就会被黑洞内部引力场摧毁。它吞噬的一切都将失去基本特性，比如当你掉进黑洞后，你将变得不再具有人类机体的复杂性，而黑洞也不会记忆你成为它合体之前的信息，你将会以一种无法辨识的形式被永久禁锢。在黑洞内部只剩下3个物理量可以测量到——质量、电荷、角动量，它们共同决定了黑洞的最终性质。

2. 黑洞面积不减定理

英国著名科学家霍金提出：任何黑洞的表面积不可能随时间减小。两个黑洞可以碰撞结合成一个黑洞，其合成的黑洞视界面积（即表面积）一定不小于原先两个黑洞视界面积之和；但是一个黑洞不能分成两个黑洞，因为这会导致黑洞表面积随时间减小。也就是说，黑洞在变化中，视界面积只能增加不能减小。

3. 黑洞蒸发

1974 年，霍金发现了黑洞的蒸发现象。“蒸发”是一种量子辐射，是指由黑洞散发出的热辐射，也称霍金辐射。他认为黑洞并不如大多数人想象的那样黑。

量子力学的不确定性表明，真空中充满了虚粒子，它们以物质或反物质的形式存在或消失。于是，霍金指出：正常情况下，当一对虚粒子出现后，它们会立即相互湮灭，然而，在黑洞的事件视界边缘，极端的引力反而把粒子拉开，当一个粒子被吸进黑洞时，另一个则会逃逸。被吸收的粒子具有负能量，将降低黑洞的能量和质量。吞下足够多的这些虚粒子，黑洞最终会蒸发。逃逸的粒子被称为霍金辐射。但是直到如今，霍金辐射只存在于理论和推测之中，还没有任何团体或者个人实际观测到。

4. 黑洞——时空弯曲的超级漩涡

要想了解黑洞的真实模样，就必须谈到爱因斯坦的广义相对论。假如在一片空旷空间的远方，有一根光线从恒星传过来，但是在中间正好出现了一颗天体。根据牛顿的引力理论，这根光线就会被这个天体遮挡住，不过根据爱因斯坦的引力理论，我们仍然可以看见这根光线。因为光线发生了偏转，而光线发生了偏转的原因，是由于时空发生了弯曲。

爱因斯坦认为，引力是因为质量对时空造成了弯曲（如图 7-1），而弯曲

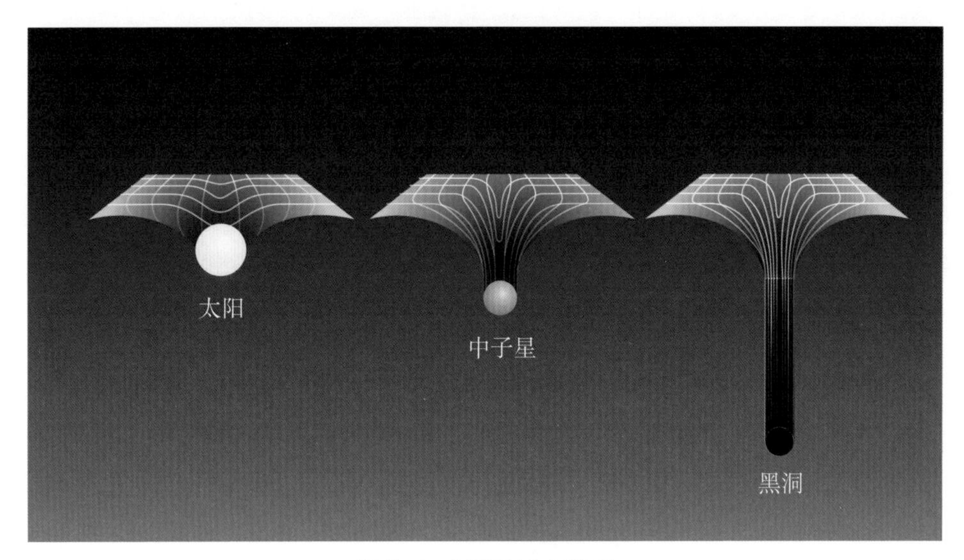

图 7-1 时空弯曲示意图

的时空造成了引力场。我们可以想象，空间是一张薄膜，如果没有任何物体存在的时候，它就是一张平直的、没有变形的薄膜。但是，当我们把一个天体，比如太阳、中子星甚至更为致密的黑洞放到上面时，它对空间造成的变形就完全不一样了。图 7-1 就展示了各种天体对空间造成的变形。

爱因斯坦还认为：空间弯曲越大，时间流淌越慢。很多人都在追求所谓的“长生不老”或者“永葆青春”，所以如果我们能够活在靠近空间弯曲更为强烈的地方，那么自然会消耗更短的时间。神话故事当中经常提及：“天上一日，地上一年。”借鉴以上理论，我们就很容易解释，也许神仙所住的地方，更靠近引力场或者空间弯曲比我们地球上空间弯曲更大。

黑洞其实是超大质量的恒星演化的结果，是一个天体，同时它还剧烈地弯曲了时空。这里的超大质量恒星是指质量超过 8 个太阳质量的恒星。所以，黑洞并不是主动要把光吸引过去的，而是因为它弯曲的时空，造成了周围的物体沿着时空测地线运动时，只能掉入黑洞当中。

三、神秘的白洞

20 世纪 60 年代初，苏联的诺维可夫和以色列的尼曼等人根据爱因斯坦场方程的史瓦西解，提出了白洞的模型（如图 7-2）。这是广义相对论所预言的与黑洞相反的一种特殊假想天体。如果说黑洞是宇宙中吞食物质和光的“陷阱”，是最“自私”的怪物；那么白洞就是宇宙中最“慷慨”的天体，排斥力无穷大，各类高能物质乃至光线都从这里涌向宇宙，对外来的物质和能量它也一概加以排斥。

如果黑洞是大坍缩的话，白洞就是大膨胀，甚至有理论认为当初的宇宙大爆炸即是白洞的大膨胀而已。与黑洞相反，白洞这里的时空曲率负无穷大。科学家猜想，白洞再大，也和黑洞一样，有一个封闭的边界。白洞不吸收任何物质，它与黑洞一样也有一个强大的引力源，但与黑洞不同的是，白洞内部的物质和各种辐射，只能经边界向外部运动，不能无限地释放；而白洞外部的物质和辐射不能进入其内部。

进入黑洞的物质，最后会从白洞出来，出现在另外一个宇宙吗？我们无从得知。白洞就像位于黑洞的另一端，似一块巨大的标语牌，上面写着“没有入口”。白洞是黑洞在时间上的起始点，如同没有任何物质可以逃出黑洞一样，也没有任何物质可以进入白洞。黑洞吞噬物质，白洞吐出物质。那么白洞真的存在吗？有科学家认为类星体的核心可能是一个白洞。当白洞内超密态物质向外喷射时，就会同它周围的物质发生猛烈的碰撞，从而释放出巨大能量。由此推断，有些X射线、宇宙线、射电爆发、射电双源等现象，可能会与白洞的这种效应有关。白洞的力是排斥力，是与黑洞的吸引力相反的力。

图 7-2 白洞示意图

霍金曾认为白洞是由黑洞直接转变过来的，科学界对这一看法给予很大的重视。霍金认为黑洞具有温度且会向外辐射能量，大质量黑洞温度低蒸发慢，小质量黑洞温度高蒸发快，当一个黑洞随着时间的推移，质量也在不断减小，那么温度便会上升，此时蒸发加剧，最后以“反坍缩式”的大爆发终结一生，那么这个过程就类似于白洞了。

甚至有些科学家猜测，黑洞与白洞相遇会产生虫洞（如图 7-3），黑洞是一切事物发展的终极，那么便会存在另一极，黑洞将物质瓦解为基本粒子，通过虫洞前往另一极，在白洞处向外辐射出去！

图 7-3　黑洞、虫洞、白洞示意图

目前，对白洞的研究还停留在理论层面。尽管科学家对它进行了多种猜想，但我们无从得知白洞是由什么物质组成的，也不知道它是否真的存在。宇宙中还有很多未解之谜有待破解。

四、黑洞的观测

黑洞不发光，所以无法用光学望远镜观测到它，但是黑洞有强大的引力，它的边缘外层有一个吸积盘，大质量天体高速坠入黑洞时，与吸积盘内物质摩擦，放出 X 射线和 γ 射线的，检测这些射线可以获取黑洞存在的信息（如图 7-4）；也可以通过间接观测恒星或星际云气团绕行轨迹，获得黑洞的位置以及质量的信息。

1970 年发射的“自由号”卫星及 1978 年发射的“爱因斯坦 X 射线天文台”卫星上天以后，发现了许多 X 射线源是双星。双星指的是两颗绕着共同的中心旋转的恒星。人们认为这些 X 射线双星很可能包含了黑洞。

天鹅座 X-1 是一颗极特殊的 X 射线双星，主星是一颗蓝色超巨星，质量约为太阳质量的 30 倍。人们通过光谱分析发现，主星有物质流向不可见的伴星区域，而伴星的质量约为太阳质量的 10 倍，已超过中子星的极限质量，被认为是一个黑洞。它是人类发现的第一个黑洞。从质量上看，它属于恒星级黑洞。2019 年，我国研究人员依托郭守敬望远镜，发现了一颗迄今为止质量最大的恒星级黑洞，但是这颗质量为太阳质量 70 倍的黑洞远超理论预言的质量上限。

图 7-4 观测黑洞示意图

宇宙空间中还有很多如天鹅座 X-1 一样的恒星级的黑洞，那么星系级的，甚至更大的黑洞是否存在呢?

早就有人提出，在我们银河系核心有大黑洞，估计这个黑洞的质量约为 1 亿个太阳质量。它在吸积周围的气体物质时，会辐射强大的无线电波与红外光。人们通过观测发现，的确存在这些星系级黑洞，例如：我们的银河系中心有一个超级黑洞，质量高达太阳质量的 431 万倍；银河系的邻居仙女座星系中心也有一个超级黑洞，质量为太阳质量的 1 亿倍左右。

除此之外，人类还发现了一些“超大”黑洞，无法用现有黑洞理论解释。2015 年，我国科学家在一个发光类星体里发现了一个质量为太阳质量 120 亿倍的黑洞，并且通过推测发现该星体在宇宙形成的早期就已经存在。

2020 年，人类再次拍到了宇宙中黑洞的照片（如图 7–5）。黑洞的周围存在很多气体，这些气体受到黑洞的引力而高速落向黑洞。在下落的过程中，气体发出高强度的辐射，于是形成了图片上的光圈。这张照片将有助于科学家进一步验证爱因斯坦广义相对论等基础理论，也有助于揭开更多未解谜团。奇妙的黑洞，仍然是当代天文学上的重大研究课题。

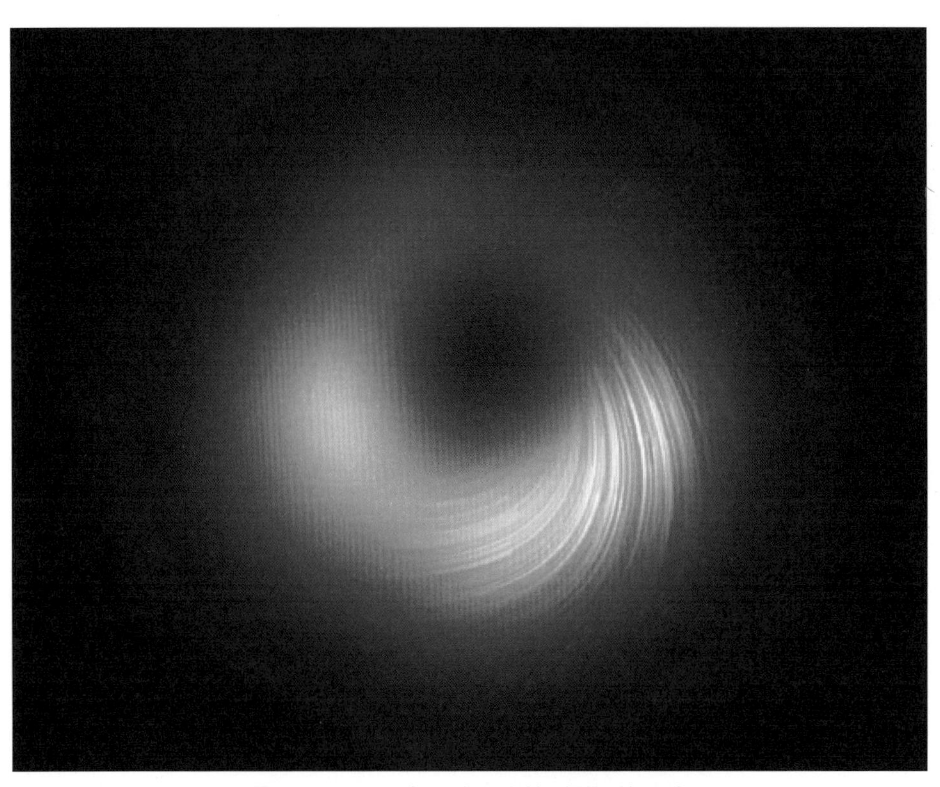

图 7–5　2020 年人类再次拍到黑洞的照片

Part 8
探索之路仍然漫长

一、寻找地外文明

在广阔无垠的大宇宙中，会不会存在如太阳一样的恒星，也具有自己的行星系统呢？是否有可能存在某些如地球一样的行星，上面也居住着“人类”呢？

从宇宙生命的多样性的角度，我们可以设想能够与人类取得联系的文明，一是比地球更高级的地外文明；二是与地球相类似的类地文明。从理论上讲，地球不过只有 45 亿年的历史，而有生物的历史不过 30 亿年，有智慧生命的历史不过 50 万年，有文明社会的历史不过几千年。而宇宙的历史至少是 100 亿年，在银河系内有不少恒星的寿命至少有 80 亿年。如果在这样的恒星形成时就有生命形成，这样的生命进化为智慧生命，他们创造的文明或许比人类更先进。

近几十年来，人类尝试过很多种方法，试图寻找来自宇宙深处的高智慧生命。下面介绍 4 种常见的人类寻找地外文明的方法。

（1）制订外星探索计划。例如：1977 年，美国启动“旅行者”计划，向宇宙的两个方向发射了“旅行者 1 号”（如图 8-1）和“旅行者 2 号”探测器，它们分别携带了记录着人类和地球身份的黄金唱片，里面包含了整个地球生物活动缩影、各个国家语言、人类文明发展史等。这个计划的目的就是在探索宇宙的同时，寻找人类以外的地外文明。目前，“旅行者 1 号”已经到了太阳系的外围，是距离地球最远的人造物体。

图 8-1 “旅行者 1 号”

（2）向宇宙发射无线电波。宇宙自奇点大爆炸到现在已经有 137 亿年的历史，在如此漫长的时间里，宇宙有可能诞生了其他智慧生命和文明。宇宙中既然存在地球人类文明，也可能存在地外文明，它们或许能接收到人类发射的无线电波信息。几十年来，人类向太空发射了不少无线电波，但一直没有得到回应。虽然现在的无线电波从地球到达月球不过 1 秒多，但对于浩瀚的宇宙来说，无线电波要传播的时间非常长，离开太阳系都要好几年。

（3）接收宇宙的各种信号。地外文明可能比地球上的人类更早进化，比我们人类还先进，因而他们也就可能发明创造出比地球人类先进得多的通信工具和技术方法。只要我们的射电望远镜高度灵敏，是有可能接收到地外文明所发出的信号的。通过电子计算机，我们就可以将所收到的信号密码翻译成看得懂的文字。也许，他们早已发现了我们，正设法和我们取得联系呢（如图 8-2）。实际上，从 1961 年以来，就有很多科学工作者采用高灵敏和高分辨率的大型射电望远镜，一直坚持着进行宇宙的探索。被誉为中国“天眼”的 500 米口径球面射电望远镜（FAST）也开启了地外文明的搜索，寻找来自宇宙深处高智慧生命的信号。

图 8-2 人类假想的外星人漫画

（4）寻找类地行星。宇宙中是否存在着像地球一样的天体呢？对于一些距离我们比较近的恒星与行星系统，由于其行星对恒星的万有引力作用，我们可以根据恒星运动轨道的状况，推断其行星的存在。如果这些行星具有适宜的温度并具备空气和水等适宜的环境，是有可能演化出生命的。也有一种可能是地外文明生存所需的环境与人类所需的环境有差异，并不需要和地球类似的环境才能生存。

或许有些人会有疑惑，为什么人类要去寻找地外文明呢？这样对人类不会有危险吗？答案可能出乎意料，这样做的原因一是出于好奇，二是为了人类文明的未来和延续。人类科技真正的快速发展时期也就百年左右的时间，因此宇宙对人类来说是陌生和神秘的，好奇心驱使我们去探索宇宙的奥秘。人类想要走出银河系、探索银河外星系可能需要几亿年、几十亿年，也有可能永远都实现不了。如果人类能够探索寻找到比人类先进太多的高级文明，就有机会和他们取得联系和交流，也许可以从外星文明那里得到一些对于人类来说非常先进的技术，节省人类文明几千年、几万年的发展时间，让人类文明更快成长强大起来，步入真正的星际文明。

当然，与地外文明进行接触交流是有一定风险的，可能会给地球带来灾难。伟大的物理学家霍金生前也提醒过人类不要跟外星人接触。但是如果我们不主动搜寻地外文明的存在，地球迟早有一天也会被外星文明发现，所以我们更要主动出击，不能封闭在太阳系不和外界交流，而是尽快找到强大的外星文明并进行友好交流，帮助人类更加强大起来。

二、宇宙的边界在哪里？

“宇宙的边界在哪里？”这个问题取决于人们对“宇宙边界”的定义是什么？我们可以理解为宇宙能被观察的边界。由于光的传播速度是有限的，当我们看到来自遥远宇宙的古老光线时，这个发光星体可能已经消失了，因而所谓“宇宙的边界”，就是当最古老的光线到达我们时，我们所看到的景象（如图 8-3）。目前人类观测宇宙范围的直径约 930 亿光年，但这并不代表宇宙的全部。

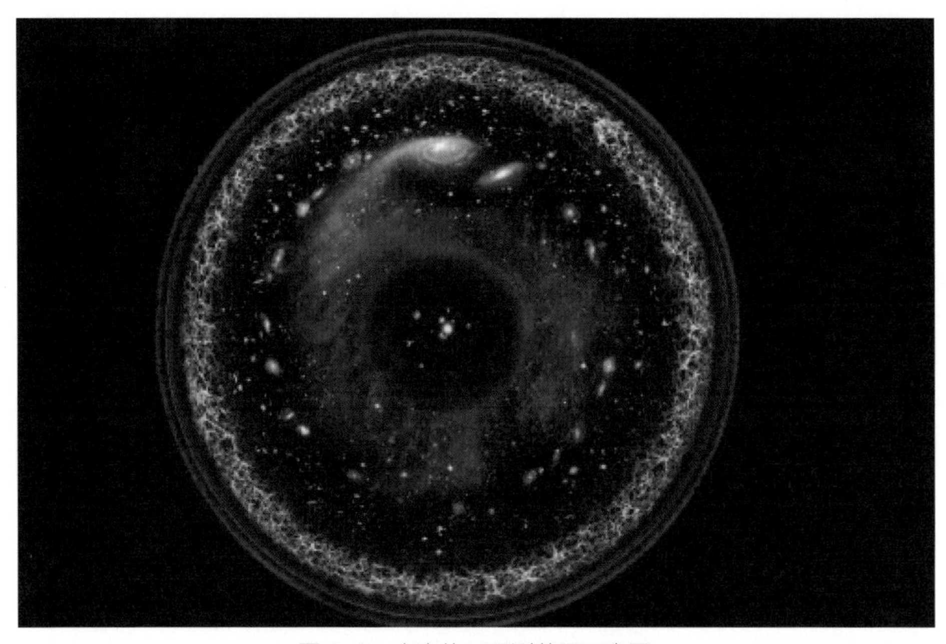

图 8-3　宇宙的可观测范围示意图

通常，人类更趋向于思考：宇宙产生于一个奇点，爆炸后不停地膨胀，空间不断扩大，它是有限的还是无限的呢？

这是一个古老的问题。罗马哲学家卢克莱修曾对这个问题有着自己的思考：宇宙在任何方向都是没有边界的。如果它有的话，在某个地方必定有一个界限。显然，除非在一件东西的外面有其他东西包围，否则这件东西不可能有界限。整个宇宙在所有尺度，在这一侧或那一侧，向上或向下都没有端点。爱因斯坦的广义相对论认为，宇宙的时空构造不是平的和线性的，而是动态和弯曲的。因此，宇宙的形状有可能是封闭的球形，也有可能像一个“面包圈”（如图 8-4）。星系就分布在大小有限的面包圈上，沿着面包圈无始无终地伸展。这样的话，宇宙既没有边界，也没有中心。

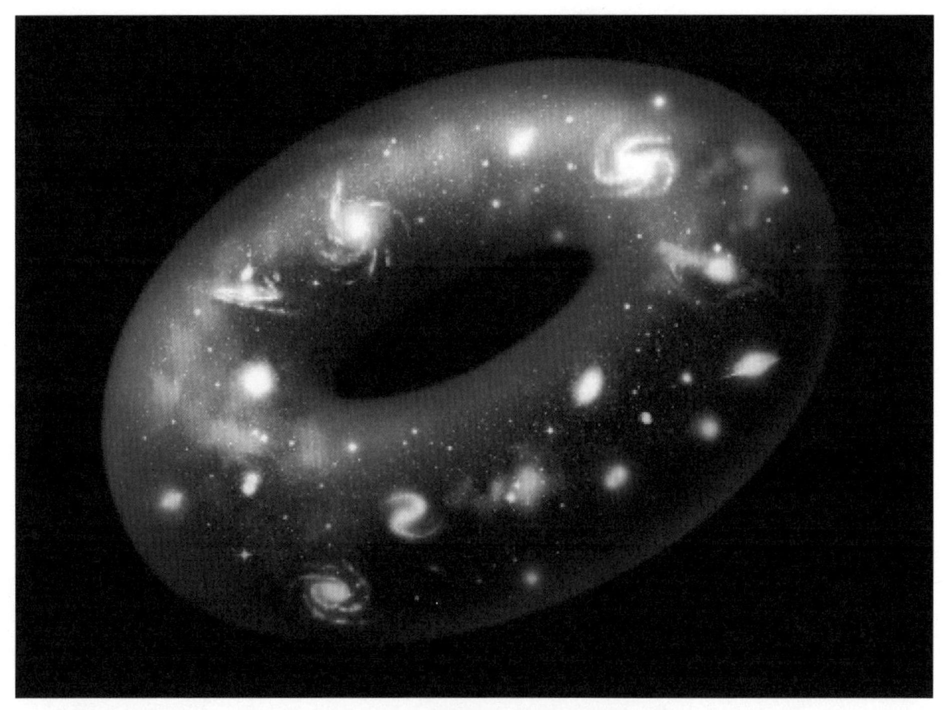

图 8-4　“面包圈”宇宙示意图

目前，人们趋向于认为宇宙是有限无界的。宇宙的有限是指在时间上和空间上都是一个有限的值。借助不同的测量工具，我们可以知道：现在公认的宇宙年龄是 100 亿 ~150 亿年，在空间上是 100 亿 ~150 亿光年，甚至更大。无界是指宇宙是没有界限的。现在人类还找不到宇宙的边界。从大尺度的宇宙空间上看，天体的分布没有呈现出某种规律状态。不同年龄、大小的天体交错分布，就像一个生物群体，人类根本分不出它们是处于宇宙的深处还是宇宙的边界。假设我们找到一颗年龄为 100 亿年和空间距离为 100 亿光年的天体，从时间上来说，这颗天体至少是在 100 亿年以前诞生的，可以被认为是靠近宇宙源头的天体了，但当人类追寻到 100 亿光年的空间距离上，却没有任何迹象表明这里就是宇宙的边界。天体的无规律分布，也可以看作是宇宙有限无界的一个标志。

实际上，人们根本无法认识我们这个宇宙之外是什么，所以也就不可能

知道宇宙边界在哪里？宇宙边界是什么？人们的一切活动和认识只能在这个宇宙之内才有效。

三、宇宙的外面是什么？

俗话说：人外有人，天外有天。当面对“宇宙的外面是什么？”这个问题时，人们很容易猜想到宇宙的外面可能是另一个宇宙或多个宇宙。

目前，科学家提出的“弦理论”及该理论的后续理论，可对平行宇宙进行描述。在这个理论中，我们的宇宙只不过是众多宇宙中的一个，像泡泡一样漂浮在无边无际的泡沫宇宙之海中（如图 8-5），随时都可能有新的宇宙在诞生。一个平行宇宙也许就悬浮在我们的头顶上。科学家一度以怀疑的眼光看待平行宇宙这一想法，对用以描述平行宇宙之存在的弦理论也持怀疑态度，认为它是神秘主义者、假充内行以及行为怪诞的人所感兴趣的领域。但是，如果平行宇宙确实存在，那么 1 万亿年之后，当宇宙变冷变暗，进入科学家所描述的大冰寒时，很可能高级文明能找到一种方法乘坐某种“星际间救生飞船”逃离我们的宇宙。

图 8-5 “泡泡宇宙”示意图

平行宇宙之间如何来往呢？联系其中的隧道可能是虫洞（如图 8-6）。我们有可能通过虫洞前往其他宇宙进行旅行，但至今我们尚未发现任何虫洞，也无法找到撑开虫洞的反常物质。关于虫洞的研究，我们还有很长的路要走。又或者，黑洞可能是通往其他宇宙的孔。根据推测，如果我们跳进一个黑洞，我们也许会重新出现在宇宙的不同部分和另一个新纪元中。但爱因斯坦认为黑洞太离奇了，不可能在自然界存在。而有人认为在黑洞的中心有虫洞存在的可能性就更让他反感。数学家将这些虫洞称为“多连通空间”。物理学家称它们为“虫洞”，因为它像钻到地里的一条虫，在两点之间钻出一条可供选择的捷径。有时也将它们叫作“空间入口或通道”。不管将它们叫作什么，也许有一天它们将成为星际间旅行的最后途径。

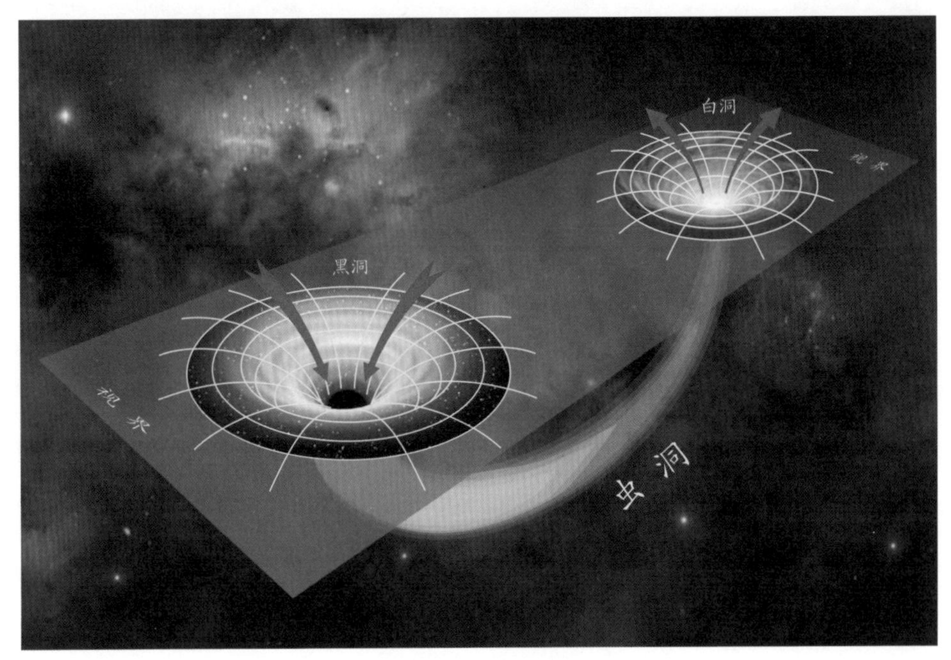

图 8-6　虫洞示意图

回顾宇宙学的历程，我们或许可以接受平行宇宙的想法。膨胀理论代表传统宇宙学与粒子物理学进展的汇合。粒子物理遵循量子理论，它规定有一个有限的可能性使不太可能的事件发生。因此，只要我们承认有可能创造一个宇宙，我们就打开了有可能创造无限多个平行宇宙的大门。

四、宇宙会永远膨胀吗?

现在的宇宙正在膨胀（如图 8-7），它将会永远地膨胀下去吗？还是有朝一日会停止膨胀？或者是转为收缩？

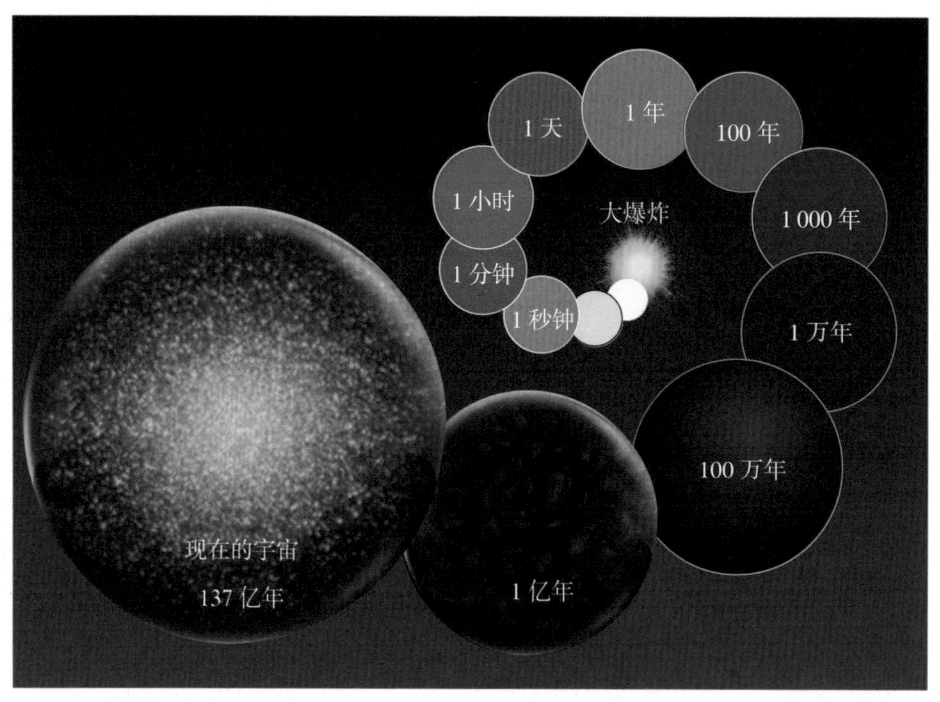

图 8-7　膨胀中的宇宙示意图

宇宙大爆炸后的膨胀过程实质上是一种引力与斥力之争。爆炸时产生的动力是一种斥力，它使宇宙中的天体不断远离；天体间又存在相互吸引的引力，它会阻止天体远离，甚至力图使其互相靠近。人们无法得知宇宙爆炸时产生的动力有多大，但天体的引力与天体的质量有关，因而宇宙的最终归宿取决于宇宙中物质密度的大小。

理论计算表明，当宇宙的平均密度为每立方厘米 1.88×10^{-29} 克时，未来的宇宙将是静止的，因此这个密度被称为宇宙的临界密度。如果宇宙的实际密度小于临界密度，宇宙将永远地膨胀下去，否则宇宙将会收缩。

宇宙的实际密度是多大呢？这需要由天文观测来确定，但现在的测定方法很不尽如人意，即在一个足够大的空间内，观测该空间内有多少质量，用这个空间的体积除这个质量，为该空间的平均密度。这种方法存在很多缺点。首先，只有被观测到的天体，才能知道它的质量。实际上宇宙中还有不少黑洞和暗星云，我们难以得知它们的质量；其次，这种方法是以宇宙的局部空间代替宇宙的全部，是不可取的；最后，所观测的天体可能并不是同时形成的天体，将它们的天体质量强加在一起可能不太符合实际。但是目前也想不出更好的方法，只能得出一个供参考的宇宙平均密度数值。目前测定的宇宙平均密度是临界密度的几十分之一，按这个值来看，宇宙将永远地膨胀下去。

既然宇宙中物质的实际密度难以测量，天体引力的大小也无法准确得知，我们可以大胆猜测一下：宇宙中天体的引力大小将使宇宙的演化走向以下 3 种可能的方向。

第一种可能是引力使天体膨胀的速度慢下来，但永远不能使它停下来。宇宙将永远膨胀下去，星体之间的距离将越来越大，相互的引力也越来越小，最后将完全消失。这时，星体之间不再有质量和能量的交换，死去的恒星也不会再生。在一个近似无限大的空间内只有死去了的恒星残骸，在绝对零度的空间内漂浮。这是一个有去无回的开放宇宙。

第二种可能是引力不仅使膨胀速度慢下来，也使天体静止下来，最后变成一个既不膨胀也不收缩的静止宇宙。这时，宇宙空间不再扩大也不缩小，各星体之间的距离保持不变，星体间的质量与能量的交换也不会停止，死去的恒星也有再生的机会。

第三种可能是引力不仅使膨胀的星体慢下来，静止下来，还能转为收缩，最终收缩到宇宙大爆炸前的状态。这时宇宙又成为高温、高压、高密度的物质团，引力接近无限大。宇宙空间等于零，时间等于无限大，这样的时空在物理学上叫黑洞，在数学上叫奇点，宇宙成为一个大黑洞，可以把这个时期的宇宙叫死亡期。如果这个死亡的宇宙再发生一次大爆炸，它将膨胀、收缩，如此循环不已，这就是一个有生有死的宇宙。

宇宙未来的命运是消亡？是永生？还是有生有死？现阶段，人类只能根据最新的科学发现，进行大胆推测。相信在人类文明越来越发达的明天，一定能回答这个问题。想象吹一个肥皂泡到空中，如果我们使劲吹，我们看到有些肥皂泡分成两半，产生新的肥皂泡。宇宙可能会以相同的方式不断产生新的宇宙。每个宇宙像漂浮在肥皂泡海洋上的一个肥皂泡。这也意味着，我们的宇宙可能在某个时候萌生了它自己的一个婴儿宇宙，也许我们自己的宇宙也是从更古老、更早期的宇宙萌生出来的。